U0915971

水环境风险监测与应急响应技术

王 黎 编著

中国环境出版社 · 北京

图书在版编目（CIP）数据

水环境风险监测与应急响应技术/王黎编著. —北京：
中国环境出版社，2014.4
ISBN 978-7-5111-1822-6

Ⅰ. ①水… Ⅱ. ①王… Ⅲ. ①水环境—风险分析—
环境监测 Ⅳ. ①X832

中国版本图书馆 CIP 数据核字（2014）第 076784 号

出 版 人 王新程
责任编辑 孔 锦
责任校对 尹 芳
封面设计 宋 瑞

出版发行 中国环境出版社
（100062 北京市东城区广渠门内大街 16 号）
网 址：http://www.cesp.com.cn
电子邮箱：bjgl@cesp.com.cn
联系电话：010-67112765（总编室）
010-67187041（学术著作图书出版中心）
发行热线：010-67125803，010-67113405（传真）
印 刷 北京中科印刷有限公司
经 销 各地新华书店
版 次 2014 年 6 月第 1 版
印 次 2014 年 6 月第 1 次印刷
开 本 787×960 1/16
印 张 13.75
字 数 230 千字
定 价 58.00 元

前　言

目前随着社会经济的高速发展，近年来水环境污染事故频繁发生，其中，重大事故时有发生，如 2010 年匈牙利西部维斯普雷姆州铝厂泄漏，有毒废水并流入流经多国的多瑙河，造成重大生态灾难；美国墨西哥湾原油泄漏事件，造成大量原油泄漏。为预防重大污染事故，减轻其对人和环境造成的危害，确保水环境风险得到高效率和高水平的控制，有必要对现有的水环境风险监测与应急响应技术进行综述。本文介绍了大连输油管道爆炸、紫金矿业污水泄漏等重大突发环境事件处理过程中涉及的理论与技术，阐述了水环境污染事故处置过程中的水环境风险监测与应急响应技术，预测与模拟了水环境污染事故造成的污染物时空分布，为制定事故应变决策提供科学依据，为将水环境污染事故造成的经济社会损失减小到最低限度，预测与模拟水环境污染事故造成的污染物时空分布。全书包括 14 章，包括水环境污染环境事故的危害指数评价与计算方法、水环境污染环境事故危险源的危险指数评价与计算方法、水环境污染环境事故危险源的调查与评价过程和方法、水环境污染环境事故的预防与污染源的监测和预警方法、流域水环境污染环境事故的监测与应急响应过程、流域水环境污染环境事故的应急措施与污染减缓和恢复流程、污染源—污水厂—河流的流域水环境污染—环境事故的预防和监测过程方法、污染源—污水厂—河流的流域水环境污染环境事故的预防和风险预警方法、重大流域水环境污染环境事故的应急监测技术、污染源—污水厂—河流的流域水环境污染环境事故的处置方法、流域水环境污染环境事故的事故后评价方法、污染源数据库与流域水环境污染环境事故的应急决策支持方法和流域水环境污染环境事故风险预警的神经元网络蚁群预测方法等内容。参加编写的还有张嘉治、张洪杰、丁洪海、李艳红、刘广、徐景阳、王捷、周芸、刘海娜、吕翔宇、丛馨、胡宁、孙义、冯小娜、全玮、张佳凤、程诚、刘森等。本书的编写过程中得到了中国环境出版社和全体参编人员的大力支持和帮助，为本书的编写提供了保障，在此深表感谢。本书可作为高等院校环境科学与工程专业高年级本、专科生参考材料，也可供研究生、科研人员和相关的人员参考使用。由于编者水平和时间有限，书中还存在一些不当和疏漏之处，恳请同行专家、学者和广大读者指正。

编　者

目 录

第 1 章

水环境污染环境事故的危害影响判定与计算方法

摘要：本章针对频发的突发性水污染事故，阐述了在风险预警系统建立的基础上，如何依据水体中污染物迁移转化基本方程进行合理简化和数学推导，得出用于鉴别环境危害状态、表征环境危害程度、描述事故危害等级、估算事故危害区范围和危害时间的风险评估模式。该模式可为环境风险管理以及突发性环境污染应急预案的制定提供科学依据。

关键词：突发性事故 环境污染风险 危害区域 危害时间

近年来水污染事故频繁发生。国际方面重大事故前言中已经介绍，小事故则难以计数，多数原因是由内河运输化肥、农药、石油及其他有害化学物品的船只，以及沿岸化工企业的储存容器等失事造成的。国内方面，继柴油入黄、大连“7·16”输油管道爆炸、紫金矿业污水泄漏，发生多起重大突发环境事件。据不完全统计，在 20 世纪末的 20 年间，我国城乡因水环境事故性污染造成的灾害的事例达数百起。水污染事故不仅造成人身财产损失，而且造成许多环境灾害问题。多数河流既是内河运输的航道，也是沿岸城市、企业以及乡镇的水源地。一旦河流上游发生水污染事故，下游沿岸城乡供水系统和水生态环境将受到严重损害。为了预防和控制这种潜在的水环境风险，准确地预测水体中污染物的迁移和扩散情况是非常必要的。在多种预测方法中，由于数学模型法具有的特点，使它成为风险预测与评价的主要方法。随着水质模型研究的深入，国际上已经有很多成熟的水质模型软件：如美国环保局（USEPA）推荐的适用于一维的 QUALⅡ，WASP；丹麦水动力研究所（DHI）开发的适用于二维的 MIKE21 等。但这些模型需要输入众多参数，分析工作量很大，对于突发性环境污染事故进行危害评价存在较大难度。本书通过对水体中污染物迁移转化基本方程作合理简化与数学推导方法，得出用于鉴别环境危害有无、表征环境危害强弱、描述事故危害情况、估算事故危害区大小和危害时间长短的风险评估模式。

1.1 污染物迁移转化基本方程与危害影响判定

1.1.1 污染物迁移转化的基本方程与简化

任何排入水体中的污染物都满足根据质量守恒推导出来的迁移转化基本方程：

$$\frac{\partial c}{\partial t}+u_x\frac{\partial c}{\partial x}+u_y\frac{\partial c}{\partial y}+u_z\frac{\partial c}{\partial z}=D_x\frac{\partial^2 c}{\partial x^2}+D_y\frac{\partial^2 c}{\partial y^2}+D_z\frac{\partial^2 c}{\partial z^2}+\sum S-kc \tag{1-1}$$

式中，c 为河流中污染物质量浓度，mg/L；t 为时间，s；k 为降解系数，s^{-1}；x，y，z 为纵向、横向和垂向距离，m；u_x，u_y，u_z 为水流在 x，y，z 方向的速度分量，m/s；D_x，D_y，D_z 为 x，y，z 方向湍流扩散系数，m^2/s；$\sum S$ 为内部所有源和汇的总和，g/（m^3 • s）。

对于污染物迁移转化基本方程（1-1），在以下假设下可以简化为式（1-2）的基本形式：① 不考虑其他支流污染物的汇合和分散，只考虑单一的瞬时排放源。② 不考虑泥沙夹带效应的损失。③ 不考虑垂向上污染物浓度变化（即假设 z 方向上浓度梯度为零）。④ 不考虑横向流速（即令 u_y 近似为零）。

简化后的水质基本方程变为：

$$\frac{\partial c}{\partial t}+u_x\frac{\partial c}{\partial x}=D_x\frac{\partial^2 c}{\partial x^2}+D_y\frac{\partial^2 c}{\partial y^2}-kc \tag{1-2}$$

简化基本方程的应用分类：按维数分为一维河流水质模型和二维河流水质模型（一维水质模型适用于小河，二维水质模型适用于较大河流考虑横向弥散），按排放源的特征分为点源瞬时排放和点源连续排放。本书重点考虑点源瞬时排放到较大河流，同时考虑岸边反射的二维河流水质模型。

1.1.2 污染带与危害影响

污染带一般定义为：排放口附近环境水域某污染物浓度高于该水体环境功能要求的水质标准的区域。这种方法把污染带范围和环境水质标准紧密地联系在一起，有利于环境水质控制。

（1）事故危害鉴别。在距事故源下游某控制断面 X_0 处，要防止发生某级危害（由浓度阈值 C_s 确定，mg/L），则事故排放量必须小于某一阈值，即 $M \leqslant M^*$。由物理概念可知，在控制断面 X_0 处，污染物浓度最大发生在 $t = X_0/u$ 时。M^*可以事先计算得出，是特定污染物在特定环境条件下的环境风险临界值。M 根据事故现状分析，一经确定便可以作为该事故的环境危害鉴别与确定标准，据此以采取相应对策。

（2）事故危害特征值估算。① 污染水团中心浓度大于某级危害阈值浓度的总时间（T_M）为事故危害最长时间。② 污染水团浓度大于某级危害阈值浓度的范围，它是时间（t）的函数，在 $t=\tau$ 时出现最大。由此可求出危害区最大纵向半径 R_{xm}，危害区最大横向半径 R_{ym} 及其出现的位置 x_m。③ 在水速为 u 时，受事故排放污染团危害的河段总长度 $X_M = uT_M$，即污染团最大危害长度 X_M。

（3）事故排放造成的各断面危害期估算某控制断面上超过某浓度所经历的时间 $\Delta T = t_2 - t_1$，其中 t_2 为污染团块后部离开的时间，t_1 为污染团块前部到达的时间。

1.2　有边界大河中点源瞬时排放的风险预测

发生在有边界大河中的瞬时点源事故排放，必须同时考虑污染物的横向扩散作用与两岸对污染物的反射。设事故点源排放位置在距近岸距离为 b 的地方，河宽为 B，若只考虑一次反射，则根据简化的水质基本方程推得：

$$C(x,y,t) = \frac{M}{4\pi h\sqrt{D_x D_x t^z}} \mathrm{e}^{-\frac{(x-ut)^2}{4D_x t}} [\mathrm{e}^{-\frac{y^z}{4D_y t}} + \mathrm{e}^{-\frac{(2b+y)^z}{4D_y t}} + \mathrm{e}^{-\frac{(2B-2b-y)^z}{4D_y t}}] \mathrm{e}^{-kt} \qquad (1\text{-}3)$$

式中，C 为河流中污染质量物浓度，mg/L；M 为事故瞬时排入河流的污染物量，g；x 为纵向距离，m；y 为横向距离，m；D_x 为河流纵向弥散系数，m^2/s；D_y 为河流横向弥散系数，m^2/s；u 为河流平均流速，m/s；t 为时间，s；B 为河流宽度，m；b 为近岸距离，m；h 为河流平均水深，m；k 为降解系数，s^{-1}。

1.3　事故危害鉴别

当河流中污染物背景浓度为 C_h 时，要使（x，y）处 t 时刻受到 C_s 的危害，则事

故瞬时排放量 M 必须达到大于 M^*。M^*满足：

$$M^* = \frac{4\pi h\sqrt{D_x D_y t^z}(C_s - C_h)\mathrm{e}\frac{(x-ut)^z}{4D_x t}\mathrm{e}^{kt}}{\left[\mathrm{e}^{-\frac{y^z}{4D_y t}} + \mathrm{e}^{-\frac{(2b+y)^z}{4D_y t}} + \mathrm{e}^{-\frac{(2B-2b-y)^z}{4D_y t}}\right]} \tag{1-4}$$

在以上公式基础上，令 $t=x/u$，$x=x^*$和 $y=0$，$y=-b$，$y=B-b$ 可分别得到排放口位置下游、近岸下游、远岸下游 x^*距离处的危害排放临界值 M^*，凡 $M>M^*$的事故都会对该处造成危害。

1.4 事故危害特征值与危害时间估算

令 $A = \dfrac{M^*}{4\pi h\sqrt{D_x D_y}(C_s - C_h)}$ （1-5）

则由式（1-5）得：

$$\frac{t\mathrm{e}^{[\frac{(x-ut)^2}{4D_x t}+kt]}}{\left[\mathrm{e}^{\frac{y^2}{4D_y t}} + \mathrm{e}^{-\frac{(2b+y)^2}{4D_y t}} + \mathrm{e}^{-\frac{(2B-2b-y)^2}{4D_y t}}\right]} = A \tag{1-6}$$

再另 $x = ut$，$y = 0$ 则有：

$$\frac{T_M \mathrm{e}^{kT_M}}{\left[1 + \mathrm{e}^{-\frac{4b^2}{4D_y T_M}} + \mathrm{e}^{-\frac{4(B-b)^2}{4D_y T_M}}\right]} = A \tag{1-7}$$

对于式（1-7）可用迭代法求得 T_M 值，T_M 为危害区存在最长时间 $X_M = uT_M$ 为事故之最大危害距离。

对确定的（x，y）位置，可求出该处受危害影响的起始时刻 t_1（t 自 0 逐渐增大迭代到等式成立）与终止时刻 t_2（t 自 T_M 逐渐减小迭代到等式成立）。该处受事故危害时间为 $\Delta T = t_2 - t_1$。

令 $R_x = x-u\,t$，$y = 0$，则式（1-3）变形为：

$$R_x = 2\sqrt{D_x t}\sqrt{\ln\left[A + A\mathrm{e}^{-\frac{b^2}{D_y t}} + A\mathrm{e}^{-\frac{(B-b)^2}{D_y t}} - \mathrm{e}^{kt}\right]} \tag{1-8}$$

式（1-8）明显表达了 R_x 存在的条件与随时间变化的规律。存在的条件是根号内的值必须大于零，即事故排放必须达到一定强度，否则不会造成某级危害。事故危害区纵向半径 R_x 一开始主要受第一个根号控制，随 t 变大，变到最大值后就主要受第二个根号控制，随 t 缩小到零。本公式可以用于确定一定危害浓度阈值等值线的时空精确位置，跟踪危害水团。在事故危害区纵向半径 R_x 取得最大值 R_{xm} 时，危害区最大横向半径 R_{ym} 亦同时取得，同时算得其出现的位置 x_m。

1.5　结　语

在河流污染物迁移转化基本方程基础上，通过合理地假设和适当地简化，推导出适合于点源瞬时排放到较大河流，且考虑岸边反射的二维河流水质模型。根据危害鉴别、危害区划定、危害时间确定等各项要求，分别推导出了适用的模型公式。该预测模型可以预测各段面的实时浓度，分析污染水团的轨迹变化，为有关部门制定与实施应急预案提供科学依据，整套公式和方法在环境风险评价和环境预警系统中有广泛的应用价值。

参考文献

[1] 丁贤荣．GIS 与数模集成的水污染突发事故时空模拟[J]．河海大学学报，2003，3（2）：203-206．

[2] 耿精忠．环境与健康回顾与展望[M]．北京：华夏出版社，1993．

[3] 徐祖信．水质数学模型研究的发展阶段与空间层次[J]．上海环境科学，2003，22（2）：79-85．

[4] 曾光明，卓利，钟政林，等．突发性水环境风险评价模型事故泄漏行为的模拟分析[J]．中国环境科学，1998，18（5）：403-406．

[5] 韦鹤平．环境系统工程[M]．上海：同济大学出版社，1993．

[6] 朱发庆．长江武汉段工业港酚污染带研究[J]．中国环境科学，1996（2）：148-152．

[7] 陈祖君．关于污染带与排污量计算的进一步探讨[J]．水资源保护，1999（6）：32-34．

[8] 徐峰，石剑荣，胡欣．水环境突发事故危害后果定量估算模式研究[M]．上海环境科学，2003：64-71．

[9] Collin，M.L.，Melloul，A.J.. Combined lnad-use and environmental factors for sustainable groundwater management [J]. Urbna Water，2001，3（1）：253-261．

[10] Sliva，L，Willimas，D.D.. Buffer zone versus whole catchment's approaches to studying land use impact on river water quality [J]. Water Research，2001，35（14）：3462-3472．

[11] Maes M.Parice，Walter R.Johnson. Overview of the oil spill risk analysis model for environmental impact assessment [J]. Spill Science and Technology Bulletin，2003：529-533．

[12] 徐景阳，常旭，杨建宇，等. 水环境污染事故的危害指数评价与计算方法[J]. 环境保护与循环经济，2011，8：64-68．

[13] 黄磊，李鹏程，刘白薇. 长江三角洲地区地下水污染健康风险评价[J]. 安全与环境工程，2008，15（2）：26-29．

[14] 段小丽，王宗爽，于云江，等. 垃圾填埋场地下水污染对居民健康的风险评价[J]. 环境监测管理与技术，2008，20（3）：20-24．

第 2 章
水环境污染环境事故危险源的危险指数评价与计算方法

摘要：危险指数评价系统最初是美国道化学公司内部使用的方法，该方法主要对化工过程和生产装置的火灾和爆炸危险性及其相应安全措施的评价方法。环境污染事故危险源的调查是建立在对危险源自身特性与危险源周边环境状况详细调查的基础上，对环境污染事故危险源进行的识别和分级评估。由于水环境污染评价指标体系中存在对水环境关键因素的影响的评价，且评价过程需要考虑关键因素对评价结果的特殊作用。但是，一些常见的评价方法不能处理关键因素的特殊影响。通过研究比较，危险指数评价法可以改进来处理特殊因素的影响。本章仅就水环境污染事故危险源的危险指数法进行介绍，并用实例说明危险指数法与 GIS 结合的具体应用。

关键词：水环境污染　GIS　危险指数

环境风险评价常称环境事故风险评价。20 世纪 60 年代以来，一些国家和企业为应对事故带来的环境风险问题，根据各自的特点，提出了不同类型的环境风险评价方法。归纳起来，基本有两大体系，一种是危险指数评价法；另一种是事故概率评价法。我国环境风险评价多采用事故概率评价法。但事故概率的确定很复杂，造成事故的基本成因事件的发生概率的很难估算性，也影响了应用效果。

危险指数评价法首先进行危险识别，确定一个模型中哪些部分或部件最有可能成为失去控制的危险来源，根据这些单元的性质，分析事故的类型，释放物质的种类、数量、方式和时间等数据，并以此进行环境后果分析和风险评价，再针对这些单元的具体情况，提出相应的事故防范和应急措施。以达到环境风险评价的根本目的。

地理信息系统（Geographic Information Systems，GIS），它是随人们对自然资源和环境规划、管理工作的需要以及计算机制图技术的应用而诞生的，是一种对大批量空间数据进行采集、存储、管理、检索、处理和综合分析并以多种形式输出结果的计算机系统。W. L Gardson 首先提出了“地理信息系统”这一术语，并发展 GIS 技术的。美国、加拿大、英国、澳大利亚等国均投入了大量人力、物力和财力，并逐步确立了该领域里的国际领先地位。美国田纳西流域管理局利用 GIS 技术处理和分析各种流域数据，为流域管理和规划提供决策服务。至此，GIS 开始逐步应用于水文学及水资源管理。美国科罗拉多州的一些机构联合开发了科罗拉多河决策支持系统，GIS 被用于流域空间的存储、检索、分析和显示。该系统建立了专门的水文数据库等进行管理，可以快速地实现查询、更新管理和报表输出等工作。该工作的实现，对水环境污染预测预报起到了一定的宏观指导作用。

随着 GIS 技术进一步的发展，其在空间灾害预测预报与评价方面开始得到了一定的应用，以 GIS 技术为基础的灾害和危险源管理与评价系统已由开发阶段转入试用期。国内外在开发和建立灾害和危险源管理与评价系统方面做了大量的工作，并建立了能初步实现预测预报与评价功能的计算机系统，并在点源和非点源污染环境风险评价与处置方面都有应用。其中，非点源污染已经成为目前影响水体环境质量的重要污染源。非点源污染的发生具有随机性，排放的途径及污染物具有不确定性，且其污染负荷的时空变化幅度大。只有对非点源污染物的来源、数量及运动方式等进行研究，做出正确的评价，才能提出合理的治理方案。在非点源污染评价中应用 GIS 技术，可以有效地获取模型计算参数，提高数据的输入效率及准确可信度，可根据水体类型和利用状况等时空因素的变化进行模拟。

2.1 危险性评价方法

2.1.1 评价的定义

一般认为环境事故危险源是导致环境事故的潜在的不安全因素。环境事故危险性是指某种环境事故危险源导致环境事故、造成人员伤亡、财产和环境损失的可能性。通常生产系统中往往有许多危险源，系统危险性评价是对系统中危险源危险性的综合评价。环境危险源的危险性评价包括对危险源自身危险性的评价、危险源对环境的危险性和对危险源控制措施效果的评价三个方面的问题。更具体地说，环境系统危险性评价是对环境系统危险程度的客观评价，它通过对环境系统中存在的危险源、危险源对环境的危险性及其控制措施的评价客观系统地描述其环境危险程度，来指导人们先行采取措施降低环境系统的危险性。环境系统危险性评价的结果是环境系统的危险程度或系统发生危险的可能性，其目的是尽可能降低事故率、事故造成的环境污染和财产损失，并获得最优的环境风险投资效益。

环境危险性评价包括确认环境危险性和环境危险程度评价两方面内容。确认环境危险性在于辨识环境危险源和定量来自危险源的危险性。即使是定性辨识，能概略地区别危险源的环境危险程度也是必要的。当然，更为精确的是明确环境事故发生概率的大小及引起环境污染的严重度。环境系统危险性评价的任务是探求系统安全运行的规律和结果，以便于发现危险源，并通过采取控制措施，降低危险源的危险性，从而保证系统安全、高效运转。系统危险性评价的应用领域十分广泛，系统种类繁多，特性各异，评价方法各种各样。

2.1.2　系统危险性评价方法分类

系统危险性评价方法根据危险性对应于系统寿命的相应阶段和定性定量可分为以下两大类。

2.1.2.1　环境危险性预评价和现有系统危险性评价

根据环境危险性对应于系统污染的相应阶段危险性评价，可以分为环境危险性预评价和现有系统危险性评价两大类。① 环境危险性预评价是指在系统开发、设计阶段进行的环境危险性评价。② 现有系统环境危险性评价。它是在系统建成以后的运转阶段进行的系统环境危险性评价。其目的在于了解系统的现实环境危险性，为进一步采取降低环境危险性的措施提供依据。根据以往的运转经验，对现有系统的环境危险性已经有了一定的了解，因而与环境危险性预评价相比较，现有系统环境危险性评价的结果更接近于实际情况。

现有系统环境危险性评价方法分为统计评价和预测评价两种方法。① 统计评价是通过对已发生事故的统计分析来评价系统的危险性，实质上统计评价的是系统过去的危险性，从时间上讲属于“滞后评价”，可以从宏观上指导事故预防工作。② 预测评价是在事故发生前对系统危险性进行的评价。它在预测系统可能发生事故的基础上对系统的危险性进行评价，具体指导事故的预防工作。

2.1.2.2　定性危险性评价与定量危险性评价方法

定性、定量评价，是指在实施危险性评价时是否要把危险性指标进行量化处理。

（1）定性危险性评价。定性评价是指依靠人的观察分析能力，借助经验和判断能力进行评价的方法。它不对危险性进行量化处理而只做定性比较。

（2）定量危险性评价。它是在危险性量化基础上进行评价，能够比较精确地描述系统的危险性，因此在系统危险性评价中得到广泛应用。根据对危险性量化处理的方式不同，定量评价又可分为概率危险性评价方法和相对危险性评价法。

概率危险性评价方法。它是以各种系统事故发生概率计算为基础的危险性评价方法。目前应用较多的是概率危险性评价方法。

相对的危险性评价方法是根据以往的经验和个人理解规定一系列赋值标准，然后根据危险性分数值评价危险性的方法，又名打分法。

2.1.3 现有的定量评价方法

根据目前对水环境系统安全评价的机构组合方式、安全程度表达式及模型与系统的耦合关系，目前国内外常用的环境评价方法有数十几种，归纳起来总共有以下几类。

（1）危险指数评价法。指数评价法主要用于化工行业。此方法操作简单，可行性强，缺点主要是评价模型中对系统环境与其安全保障体系的功能重视不够，特别是危险物质和环境安全保障体系间的相互关系未考虑。各个因素间均以加或乘的方式处理，忽视各因素间重要性的差别。另外此方法的灵活性和敏感性较差。

（2）概率危险性评价（PRA）法。概率危险性评价法起源于核电站安全的研究，概率危险性评价是以某种伤亡事故或财产损失事故的发生概率为基础进行的系统危险性评价。它主要采用故障树分析和事件树分析方法。此方法的缺点是需要耗费大量的人力、物力、财力和时间进行原始的数据的积累，同时对环境安全因子考虑不多。

（3）事故致因突变模型评价法。此方法适用于局部问题的指标量化，对系统进行危险性评价就会局限于定性分析。

（4）神经网络的评价方法。神经网络评价方法的评价效果主要取决于样本的学习，如果样本不够精确，那么评价结果的精确性也无从谈起。并且，网络结构和问题本身的复杂性也会影响神经网络模型评价的效果。

（5）层次分析法评价方法。近几年层次分析法在系统危险性评价中受到了广泛的应用，它将人的主观判断数量化，克服了复杂系统评价靠主观判断、缺乏逻辑性的缺点。但是在建立判断矩阵的过程中，由于人的主观性，判断矩阵易陷入循环而不满足一致性。因此，这个方法也引起了较大的争议。虽然有学者对层次分析法进行了改进，但并没有从本质上改变层次分析法的局限性。

（6）灰色系统理论评价法。灰色系统理论评价法主要是将系统看做是既有已知信息又有未知信息的灰色系统，通过建立微分方程来对原始数据进行处理从而得到评价结果。灰色关联评价分析则是一种多因素统计分析方法，它以各因素的样本数据为依据用灰色关联来描述因素间的次序。灰色系统理论评价方法只需要较少的数据就能对系统的状况进行评价，简单易行。但是由于原始数据较少，灰色系统所得评价结果也比较粗糙。而将数据量增加时，评价结果并没有相应增加，有时还可能出现倒退。

（7）模糊数学分析评价法。模糊数学分析评价方法充分考虑了系统危险性的影响因素具有的模糊性。在系统危险状态具有模糊性已成为人们的共识的条件下，对于模糊性的系统进行评价很自然地要应用模糊数学评价方法。

2.2 危险指数评价系统简介

最初的危险指数评价系统，是美国道化学公司内部使用的对化工过程和生产装置的火灾和爆炸危险性的评价，及其相应安全措施的方法。已有 20 多年的历史。由于其方法独特，无深奥理论，容易掌握，对千差万别的化工生产、储运及使用过程的危险性能比较客观地进行评估，因此受到许多国家的重视。其针对不同污染性质划分不同污染等级，再按等级的要求采取相应的措施。危险指数 I 评价法主要通过 I 的计算，来确定事故发生概率和风险水平。该法与其他方法相比更适合于化工生产过程的风险评价。危险指数计算公式如下：

$$I = \mathrm{MF} \times \frac{100 + \Sigma\mathrm{SMH}}{100} \times \frac{100 + \Sigma\mathrm{GPH}}{100} \times \frac{100 + \Sigma\mathrm{SPH}}{100} \times \frac{100 + \Sigma\mathrm{THM}}{100} \tag{2-1}$$

式中，MF 为物质系数；SMH 为特定物质危险系数；GPH 为一般工艺过程危险系数；SPH 为特定工艺过程危险系数；TMH 为反应热危险系数。MF、SMH、GPH、SPH 及 TMH 参照化工安全技术表中的评分标准进行计算。采用危险指数法对环境污染事故危险源辨识和评级，即在对各个辖区内危险源自身及其周边环境详细调查的基础上，综合考虑危险源自身的特性及危险源周边的环境状况，利用特定的危险源评级模型计算各个危险源的综合危险指数，并据此对危险源进行分级和评估。

环境污染事故危险源有多种类型，不同类型的危险源引发的环境污染事故对于环境的危害方式、危害途径、危害对象以及危害程度各不相同，在利用危险指数法对各危险源进行分级和评估时，既要考虑各危险源的自身特性，还要考虑不同类型危险源危险指数间的可比性。

为了使计算简化，将所有危险源仅分为大气污染型危险源和水体污染型危险源来进行分级和评估，因为在实际中，其他类型的污染事故可以看做是这两类污染事故的延伸。如果某个危险源既可能造成大气污染，也可能造成水体污染，则作为两个危险源，分别计算其综合危险指数。

2.3 环境污染事故危险源的调查

环境污染事故危险源的调查是建立在对危险源自身特性与危险源周边环境状况与环境敏感点详细调查的基础上，对环境污染事故危险源进行的识别和分级评估。其调查内容主要包括危险源所属单位、地理位置、危险物质（包括原材料、产品、废弃物等）名称、危险物质贮量、储存地点、存在状态、安全状况，以及危险源所在区域的地形地貌、危险源周围的环境敏感点分布、人口数目、区域环境质量现状与保护目标等。

2.4 评价指标体系的建立

针对水体污染型危险源来进行评价，指标体系的建立是建立水环境污染评价模型的第一步，也是水环境污染危险性评价过程中的很重要的一个环节。指标体系的建立主要是选取指标和指标之间关系的确定。水环境污染成因复杂、影响因素众多，具有高度的不确定性、多层次性和开放性，各个因素互相影响、互相制约，在评价过程中如果将每一个因素一一分析不但工作量大，而且也忽视了各因素之间的关联性，因此建立一个科学、完备的评价指标体系是很有必要的。

2.4.1 评价指标体系建立的原则

评价指标体系的建立是在一定的原则指导下进行的，评价指标体系的建立必须遵循以下原则。

（1）科学性原则。指标的选择、数据的选取以及计算必须以公认的科学理论为依据。建立水环境污染危险性评价指标体系，也必须能反映客观实际以及事物的本质，能反映影响水环境污染的主要因素。只有坚持科学性原则，获得的信息才具有可靠性和客观性，评价的结果才有效。

（2）定量分析与定性分析相结合的原则。为了对水环境污染状况进行综合评价，必须将部分反映信息系统基本特点的定性指标量化、规范化，最后再对定量化的结果定性分析，使定量化的数据具有实际意义。

（3）稳定性与动态性相结合的原则。反映水环境污染状态的指标必须具有长期性和稳定性的特点，同时水环境的水环境污染状态又是一个危险与控制的矛盾过程。所以，指标本身必须具备动态性的特征。

（4）层次性原则。指标具有层次性、直观性强，并且能为分析评价结果提供方便。

（5）可操作性原则。指标本身必须意义明确，而且指标的量化及数据收集简单操作、可靠性强；指标必须是反映水环境污染状况的综合指标或代表性比较强的。

（6）可指导性原则。指标体系及评价过程的进行，目的在于指导水环境降低水环境污染危险程度从而实现水环境的安全生产这一目标，因此指标体系应体现安全生产的政策引导性，规范和引导未来水环境安全生产发展的趋势。

（7）相对独立性原则。指标体系在满足水环境污染危险性评价全面性和相关性要求的同时，必须避免指标之间的重叠及显见的包含关系，对于隐含的相关关系，要在模型中用适当的方法消除。

（8）可比性原则。为了方便与同一类水环境的水环境污染状况进行对比，指标数据的选取与处理必须采用统一规范的方法。

（9）全面性原则。对水环境污染现状的评价是一种全面性的多因素综合评价，为了保证这一点，选取的因素应具有代表性。选取时应从评价对象的各方面着眼，尽管最后确定的评价因素不一定很多，但初始选择时，被选因素一定要多一些、全面一些，以保证有选取余地。

2.4.2　水环境污染致因分析

水环境事故的致因分析是建立评价指标体系的前提，只有将事故的致因分析清楚、全面才可能建立科学的、具有较强针对性的评价指标体系。根据环境风险系统理论的原理，环境事故的发生是在一定的条件下人的不安全行为、物的不安全状态、环境的不安全因素相互作用的结果。水环境污染的发生也是以上几种因素或其组合引起的。

实际上，在事故的发生发展过程中安全生产管理水平也对事故发生的可能性大小和严重程度起着很大的影响。因此，我们可以说水环境污染是人的不安全行为、物的不安全状态、环境的不安全因素在一定的管理水平下相互作用的结果。对于水环境污染事故的来说，物的因素包括水源、防排水设施设备；环境的因素则是指导水通道。人的不安全行为是由人的素质决定的。根据环境风险系统理论，人的不安全行为、物的不安全状态是事故发生的表面原因，管理才是本质的原因。因此，水环境污染的致因有：水源、导水通道、防排水设施设备、人员素质、环境风险管理水平等。

2.5 水体污染型危险源评级模型建立

采用的水体污染型危险源评级模型为

$$I_{\mathrm{w}} = \alpha_{\mathrm{w}} \frac{M}{M_0}(E_1 + E_2 + E_3 + E_4)(1 + N) \tag{2-2}$$

式中，I_{w} 为水体污染型危险源危险指数；α_{w} 为特定系数，定为 1；M 为危险源危险物质贮量（t）；M_0 为危险源危险物质临界量（t）；N 为危险源附近除本危险源自身的其他爆炸性危险源的个数，因附近的爆炸性危险源（通常在同一个企业里，距离在 100 m 以内）发生事故容易导致连锁反应，会增加其旁边的危险源出事的概率及整个事件的危害程度；E_1、E_2、E_3、E_4 分别为事故可能影响到的不同环境敏感因子的加权系数（其取值规定如下：E_1，受影响水体有饮用水水源保护区取 10，受影响水体没有饮用水水源保护区取 1；E_2，受影响水体有养殖区或洄游产卵保护区取 10，受影响水体没有养殖区或洄游产卵保护区取 1；E_3，受影响水体附近有基本农田保护区取 1，受影响水体附近没有基本农田保护区取 0；E_4，受影响水体附近有中心城镇取 3，受影响水体附近没有中心城镇取 0。

2.6 危险源分级

在设计的模型条件下，危险指数与危险源级别的对应关系如下：$I \geqslant 100$，为特大危险源；$10 \leqslant I < 100$，为重大危险源；$1 \leqslant I < 10$，为较大危险源；$I < 1$，为一般危险源。

2.7　环境污染事故危险源的分级和评估

2.7.1　水环境污染危险性评价

水环境评价过程在各因子分级评价的基础上，制定适合流域实际特征的各因子分级标准，每一因子分为极低、低、中、高、极高 5 个等级，赋予不同的等级分值，同一等级的不同因子的等级分值也不同。考虑不同因子对水环境污染的贡献不同进行各个因子的权重赋值，主要依据 W. J. Gburek 等人提出的根据专家打分法原则赋予的权重。通过 GIS 空间分析，采用公式计算得到水环境污染危险性指数，按照危险性指数进行分类。将流域内农业非点源水环境污染危险性分为不同的级别：低、中等、高和极高危险性 4 个等级，获得研究区域农业非点源水环境污染危险性的空间分布。

2.7.2　危险源评级结果分析

为了综合考虑危险源自身及周边环境情况计算的综合危险指数，能够较客观地反映该环境污染事故危险源的危险程度。采用特定的危险源评级模型，计算出各个危险源的危险指数，可以定量地对危险源进行分级和评估，较客观地反映出各个危险源的危险程度，为环保、安监部门加强危险源的日常监管提供科学依据，进而可以有效地防范各类环境污染事故的发生，降低环境风险。

2.8　改进的危险指数评价法

2.8.1　模型改进

由于水环境污染评价指标体系中存在关键因素的影响，在评价过程需要考虑关键因素对评价结果的特殊作用，但是一些常见的评价方法不能处理关键因素的特殊影响。通过研究比较，危险指数评价法可以改进来处理特殊因素的影响。但是危险指数评价方法有自身的缺点，主要是各个因素间均以加或乘的方式处理，忽视各因素间重要性的差别。因此，对危险指数法评价模型进行改进：① 按标准给二级指标评分。② 计算一级指标分值。③ 水环境污染危险性评价分值计算。

$$A=\begin{cases}100 & M_i\text{中有一个为}100 \\ \sum K_i M_i & M_i\text{都小于}100\end{cases} \tag{2-3}$$

式中，A 为水环境污染危险性评价最终结果分值；K_i 为系统权重系数，分别对应水环境污染水源、导水通道、防治水设备设施、人员素质、安全管理的权重；i 取值为1～5；M_i 为一级指标评价分值，分别对应水环境污染水源、导水通道、防治水设备设施、人员素质、安全管理的分值。

2.8.2 评价指标权重 K 的确定

在进行水环境污染评价时需要解决各指标权重的问题。权重是各个指标在评价过程中不同重要程度的反映。它取决于三个方面：① 评价者对各指标的重视程度，称为结构重要度；② 各指标在安全评价中的作用不同，即各指标在评价中传递的信息量不同，称为信息量权；③ 各指标评价值的可靠度不同，称为可靠权。指标权重表示各个指标重要程度的差异，它既是评价者的主观评价，又是指标自身客观存在的本质属性的反映。

结构重要度是决策者自身的知识结构、熟悉度以及社会、环境背景、知识广度等预选决定指标重要度的权数，指标权重的大小由专家认定程度来确定，它目前广泛用于各评价方法之中。

2.8.3 指标权重的确定方法概述

权重的确定方法分为主观赋权法、客观赋权法和组合赋权法三类。主观赋权法主要有层次分析法、专家评议、两两对比法、德尔斐法等。客观赋权法有熵值法、拉开档次法、逼近理想点法。组合赋权法是结合主观赋权法和客观赋权法的各自特点。其做法是首先分别在主观赋权法和客观赋权法中找出最合理的主、客观权重系数，再根据具体情况确定主、客赋权法权重系数所占的比例，最后求出综合评价权重系数。主观赋权法可以较好地反映评价对象所处的背景条件和评价者的意图，但其准确性依赖于专家的知识和经验，主观随意性大；客观赋权法切断了权重系数的主观性，使系数具有绝对客观性；组合法的准确性有赖于对主、客观赋权法权重系数所占比例的确定。

2.8.4　相对比较法确定一级指标的权重

相对比较法是通过对两两指标相对重要程度的比较来得到各指标权重的，相对来说两个指标之间的相对重要程度易于判断，构造判断矩阵比较容易，又可以发挥专家经验的优势。所以本文采用相对比较法来确定一级评价指标的权重。相对比较法赋权的过程如下：将所有的评价指标（j=1，2，…，n）分别按行和列排列，构成一个正方形的表；再根据三级比例标度对任意两个指标的相对重要关系进行分析，并将分值记入相应的位置；将各个指标平分值按行求和，得到各个指标的平分综合；最后做归一化处理，求得指标的权重系数。三级比例标度两两相对比较平分的分值为 q_{ij}，则标度值及其含义如下：

$$q_{ij}\begin{cases}1 & \text{当 } B_i \text{ 比 } B_j \text{ 重要时}\\ 0.5 & \text{当 } B_i \text{ 比 } B_j \text{ 同样重要时}\\ 0 & \text{当 } B_i \text{ 比 } B_j \text{ 不重要时}\end{cases} \tag{2-4}$$

则评分构成的矩阵 $Q=(q_{ij})$，有 q_{ii}=0.5，q_{ij}=q_{ji}，指标 B_i 的权重系数为：

$$K_i=\frac{\Sigma_{i=1}^{m}q_{ij}}{\Sigma_{i=1}^{m}\Sigma_{i=1}^{n}q_{ij}} \tag{2-5}$$

使用该方法确定指标权重时，任意两个指标之间的相对重要程度要有可比性。这种可比性在主观判断评分时，应满足比较的传递性，K 比 Q 重要，Q 比 B 重要，则 K 比 B 重要。

2.8.5　专家咨询法确定二级指标的权重

通常二级指标细化程度很高，两个指标之间的相对重要程度不容易判断，这时使用两两比较法确定指标权重就比较困难，因此对二级指标的权重的确定就有赖于专家经验，这就是专家咨询法确定指标的权重。专家咨询法，又称特尔菲法，即组织若干对评价系统熟悉的专家，通过一定的方式对指标权重独立地发表见解，并用统计的方法做适当处理。具体做法如下：

（1）组织 r 个专家，对每个指标 C_{ij}（j=l，2，…，n）的权重进行估计，得到指标权重估计值 W_{k1}，W_{k2}，…，W_{kn}（k=l，2，…，r）；

（2）计算 r 个专家给出的权重估计值的平均估计：

$$W_{kj}=\frac{1}{r}\sum_{k=1}^{r}W_{kj} \qquad (j=1,\ 2,\ \cdots,\ n) \qquad (2\text{-}6)$$

（3）计算估计和平均估计值的偏差：

$$\Delta_{kj}=\left|W_{kj}-W_{kj}\right|,\ (k=1,\ 2\cdots,\ R;\ j=1,\ 2\cdots,\ N) \qquad (2\text{-}7)$$

（4）对于偏差较大的指标，再请专家重新估计，经过几轮反复，直到偏差满足一定的要求为止，最后得到一组指标权重的平均估计修正值：

$$W_j=\ (j=1,\ 2,\ \cdots,\ n) \qquad (2\text{-}8)$$

（5）二级指标权重的确定：

首先确定水源各指标的权重 C_{ij}（j=1，2，3，4），请五位专家对其估计权重，如表 2-1 所示。

表 2-1　水源各指标权重

指标	专家 1	专家 2	专家 3	专家 4	专家 5	平均估计值
C_{11}	0.14	0.15	0.16	0.12	0.18	0.15
C_{12}	0.23	0.26	0.27	0.24	0.25	0.25
C_{13}	0.48	0.50	0.52	0.49	0.51	0.5
C_{14}	0.09	0.12	0.09	0.12	0.08	0.1

计算最大偏差为：$\Delta=0.03<0.05$，平均估计值符合要求，所以

K_{1j}=（0.15，0.25，0.5，0.1）

同样的过程得到：

K_{2j} =（0.3，0.3，0.2，0.2）

K_{3j} =（0.15，0.20，0.15，0.15，0.10，0.25）

K_{4j} =（0.30，0.10，0.35，0.25）

K_{5j} =（0.15，0.15，0.10，0.2，0.05，0.15，0.05，0.05，0.10）

2.8.6　评价指标的量化分析

评价指标的量化是定量评价的基础，一般利用安全检查表的形式使二级指标量化，而一级指标是二级指标通过一定函数关系得来的。进行危险指数评价时，需要根据具体危险指数进行量化分析，下面就一般降水指数进行举例：

B_1={C_{11}大气降水、C_{12}地表水、C_{13}采空水、C_{14}地下水}

C_{11}，C_{12}，C_{13}，C_{14}检查要点及评分标准如表 2-2 所示。

表 2-2　评价指标

评价指标	指标说明	标准分	备注
C_{11}	大气降水： 污染区降水超过地区同期平均降水量； 近期降水在低洼处形成积水或出现冲沟	 25 25	
C_{12}	地表水体： 污染区包括水库、湖泊、长河流等较大水体； 有季节性河流或塌陷积水	 60 30	
C_{13}	采空水： 附近矿区或邻矿老空区分布情况不清楚； 已知存在老空区但积水范围、积水量不清楚； 老空区积水没有进行输排	 100 100 100	如果三项分值之和大于 100，则 C_{13} 取值为 100
C_{14}	地下水： 裂缝水、空隙水情况不明，裂缝水、空隙水补给条件良好； 岩溶、地下暗河情况不明，补给条件良好	 100 100	如果两项分数之和大于 100，则 C_{14} 的分值取 100

设 C_{11}、C_{12}、C_{13}、C_{14}所得分数分别为 M_{ij}，j=1，2，3，4，则 B_1得分 M_1为：

$$M_1=\begin{cases}100 & M_{13}，M_{14}\text{有一项为}100\\ \sum K_{ij}M_{ij} & M_{13}，M_{14}\text{有一项为}100\end{cases} \tag{2-9}$$

式中，K_{ij}（j=1，2，3，4）为 C_{11}、C_{12}、C_{13}、C_{14}权重。

所以，K_{1j}=（0.15，0.25，0.5，0.1）。

2.8.7　水环境污染危险性评价分值的计算

对各个二级评价指标进行量化，通过计算可以得到一级指标的分值，此时就可以计算水环境污染为危险性的分值，设危险性分值为 A，则：

$$M_1=\begin{cases}100 & M_i\text{中有一项为}100\\ \sum K_iM_i & M_i\text{都小于}100\end{cases} \tag{2-10}$$

式中，A 为企业安全评价最终结果分值；K 为系统权重系数，K=（0.333，0.125，

0.041 677，0.25，0.25）；i 取值为 1～5；M_i 为一级指标分值。

2.8.8 水环境污染危险等级的划分

计算出水环境污染评价分值，如果没有水环境污染等级与之对应，仍然不能确定水环境污染的危险等级，及其会造成何种程度的影响。因此，需要划定与评价分值相对应的水环境污染危险等级。此处水环境污染等级的划分主要是靠专家评议确定（表 2-3）。

表 2-3 水环境污染分级

水环境污染等级	1	2	3	4
危险性	稍微危险	危险	很危险	极危险
危险程度	可以接受的危险	需高度注意	立即采取措施	封锁治理
A 的取值	0～25	25～40	40～70	70～100

根据危险指数评价研究分析的基础，针对其不足之处，提出了基于关键指标的水环境污染危险性评价方法。建立水环境污染评价指标体系，对指标进行了量化，计算出水环境污染危险性评价分值，划分了水环境污染等级。为水环境污染的综合评价提供了一种简单易行、可靠度高的评价方法。

2.9 水污染危险指数法的应用举例

2.9.1 饮水污染事故分析

收集 30 年来城市各区县疾病控制中心按污染事故监测网络上报的 189 起饮水污染事件，通过分析，总结出造成污染事件的主要原因。

2.9.2 饮水污染危险指数的建立

当前城市饮水污染的主要隐患是水源防护措施差、供水设施或管网设计不合理、卫生管理不善，某个地区或单位存在的隐患越多，发生污染事故的危险性也就越大。

（1）主要原因的贡献率。由前述 3 个方面的原因引起的污染事件起数分别为

L_1=84、L_2=63、L_3=42。由此导致污染事故发生的贡献率分别为：P_1=45%、P_2=33%、P_3=22%。

（2）各主要原因的权重。3 个方面原因的贡献率越大，它可能导致污染事故发生的机会越大，其危险性也越大。据此可按公式 $W_i = P_i \big/ \sum P_i$ 计算各原因权重：W_1=0.45，W_2=0.33，W_3=0.22（$\sum W_i = 1$）。经此转换，各原因的物理意义和实际意义均不变，具备了利用权重建立指数的条件。

（3）饮水污染危险指数的建立。借鉴环境质量指数的基本原理，结合 W_i 和 X_i 的意义，即可得到饮水污染危险指数：

$$A = 0.45X_1 + 0.33X_2 + 0.22X \qquad (2\text{-}11)$$

式中，A_i 为饮水污染危险指数；X_1、X_2 和 X_3 分别三方面隐患。X_i 越大，发生饮水污染事故的危险性也越大。

2.9.3　饮水污染危险指数的判定标准

由于 X_i 的取值有 4 个，即 0，1，2，3。因此，A_i 有 64 个结果。将 X_i 的各种取值代入到 A_i 中，得到含有 64 个数值的数据库。其算术均数为 A_i=1.47，标准差，s=0.659 2。可见导致污染事故发生的平均危险指数为 1.47。统计学处理可知，A_i＜0.18 的数据占 1.6%，A_i=0.18～0.81 的数据占 15.6%，A_i =0.81～1.47 的数据占 32.8%，A_i=1.47～3.0 的数据占 50.0%。据此分布特点，将判定标准定为 4 级。

2.9.4　危险源评级结果分析

城市供水风险宏观管理：对某一地区各类型供水单位进行调查，然后按表 2-1 的类别分别将 A_i 赋值，计算出每个单位的饮水污染危险指数 A_i，该区域 K 个供水单位总的危险指数为：

$$I = \frac{1}{K} \times \sum_{i=1}^{K} A_i \qquad (2\text{-}12)$$

再根据饮水污染危险性级别，进行综合分析。应用此指数对某县自来水进行管理现状的调查和评价表明，该水厂的饮水污染危险指数为 1.75。属于特级警报水平，随时有发生事故的可能。卫生监督人员指出存在的污染隐患，但未引起单位领导的重视，未进行水源井的改造，未对水处理设备和实际处理能力不匹配问题进行改进，对不采取消毒措施直接供水等问题未引起重视。结果导致污染事故的发生，波及4所中学、1所小学、1所幼儿园及1个小区，影响饮水居民约3万户。

2.10 结 语

综上所述，本章描述了污染危险指数以及饮水污染危险指数，对找出某一区域内重点环境风险危险源确定该区域内最主要的隐患和治理重点，并对其监督、监测和管理，对环境风险进行宏观管理有显著的指导作用。

参考文献

[1] 潘本锋，李莉娜．基于危险指数法的环境污染事故危险源分级和评估[J]．安全与环境工程，2010，17（1）：13-15.

[2] 翁平．危险指数法在环境风险性评价中的应用[J]．福建化工，2000（3）：17-22.

[3] 周慧平，葛小平．GIS 在非点源污染评价中的应用[J]．水科学进展，2005，17（8）：15-17.

[4] 罗云，等．风险分析与安全评价[M]．北京：化学工业出版社，2006.

[5] 刘铁民．安全评价方法实用指南[M]．北京：化学工业出版社，2005，17（6）：45-48.

[6] 范春．二次加压供水卫生管理指数的建立与应用[J]．环境与健康杂志，1997，14（4）：162-164.

[7] 陈建权．GIS 技术支持多指标综合评价[J]．系统工程，2007，15（5）：50-56.

[8] 郭振仁，张剑鸣，李文禧．突发性环境污染事故防范与应急[M]．北京：中国环境科学出版社，2006：46-49.

[9] 郭彦华．老空水水害事故原因分析及防治措施研究[J]．中国安全科学学报，2006，16（10）：141-143.

[10] 宋震，华建伟，等．GIS 在矿产资源规划环评中的应用[J]. 高校地质学报，2009，15（2）：218-225.

[11] 胡德福，等．化学突发事故风险评估的研究与应用[M]．北京：科学出版社，2004.

[12] 江兵．煤矿危险源分类分级与预警[J]．中国安全科学学报，2008，9（4）：70-73.

[13] 王严，刘玉敏．北京市饮水污染危险指数的建立及应用[J]．中国预防医学杂志，2003，4（1）：4-7.

第3章

水环境污染事故危险源的调查与评价过程及方法

摘要：通过对我国水环境污染环境事故危险源研究现状进行分析，论述了危险源的调查和评价过程及方法；首先建立了危险源辨识、风险评价和控制基本步骤图；并将危险源的风险评价为五个不同程度的风险分级、根据不同的危险等级划分进行评分，权衡其事故后果与可能性综合评价结果、将危险等级划分为三个主要因素：L——发生事故或危险事件的可能性；E——暴露于这种危险环境的频率；C——事故一旦发生可能产生的后果。用公式 D=LEC 来表示其危险性；制订了风险控制措施表；以便相关部门能采取相应的安全措施和管理方案，对水环境污染环境事故危险源进行科学的事前预测和管理。

关键词：水环境　危险源　调查　评价　过程　方法　风险分级

据世界卫生组织报告，目前全世界有 10 亿以上人口生活在污染严重的城市，特别是水环境污染环境事故频繁发生；而各种突发的环境事故，无一不牵涉水污染问题。各国在经济高速发展过程中，由于历史的原因，或生产过程配套的环保及安全设施不健全，从而造成重大突发性水污染事件的频频发生。突发性环境污染事件不同于一般的环境污染事件，它没有固定的排放方式和排放途径，事件一旦发生，来势凶猛，在短时间内会有大量的污染物排放，对环境造成严重破坏，给人民的生命和国家财产造成重大损失。

因此，充分认识可能排入水环境污染物的性质，加强突发性污染事故的水环境应急监测，制定污染事件的应急预案，提出污染防治应急措施，研究特定污染物处理处置工程技术，成为环境保护工作者一项十分迫切的任务。必须事先对水环境污染环境事故危险源进行调查与评价，制订预防突发性污染事件的预案，提高对突发性污染事故处理处置的应变能力。

3.1 水环境污染环境事故危险源研究的现状

当前，我国水环境存在的问题主要有三个，其中之一就是水污染。尽管近二三十年来，我国在水污染防治方面出台了一系列水质标准和法律法规，但水污染的发展趋势仍未得到有效控制。2002 年原国家环保总局公布的数字表明，地表水流经城市的河段有机污染较重，城市居民日常生活排放的污水和很多工业废水都含有大量的有机物质，有的工业废水还含有有毒有害的人工合成有机物，如合成农药和染料等，使我国大多数城市河流都存在严重的有机污染，导致城市水源水质下降和处理成本增加，严重威胁城市居民的饮水安全和人民群众的身体健康，不仅加剧了水资源短缺的矛盾，也对我国正在实施的可持续发展战略带来严重的负面影响，后果非常严重。

随着人口的增长，世界用水量大幅度增加，主要表现在：① 工业与城市用水量剧增。由于人口激增和工业化的发展，用水量急剧增加。② 农业耗水量增加。同时，水污染又加剧了水资源的紧缺。据报道，全世界每年有 4 200 多亿 m^3 污水排入江河湖海。据联合国第二次人类居住区大会称：到 2010 年，世界城市将面临非常严重的缺水危机，水危机将成为“21 世纪城市里最容易引起争端的问题”。

水污染防治的手段：法律和行政手段由于经济和法制的滞后，我国的水污染防治工作一直以健全法制和加强环境道德教育为主，经济处罚为辅。1996 年，全国人大对《水污染防治法》进行了修订，修订后的《水污染防治法》集中体现了我国水污染防治由分散治理为主转向集中控制与分散治理相结合，由末端治理为主转向全过程控制、清洁生产，由单一的浓度控制转向浓度控制和总量控制相结合，由区域管理为主转向区域管理与流域管理相结合的指导思想的转变。国务院也规定全国所有工业污染源都要做到达标排放，对新建企业实行“三同时”制度，这为进一步加强水污染的防治工作奠定了坚实的法律基础。今后工作的重点应是加强监督管理和强化执法，真正做到有法必依，违法必究，最终实现水体变清，保障水资源的可持续利用。

水体一旦受到污染，其危害是严重的和长期的，必须正确认识和对待水污染的问题，采取有效措施，保护好水环境，促进经济的可持续发展。

从目前我国水污染环境存在的问题看，主要有以下五个方面的问题。

① 江河水污染问题。据近期的水资源评价反映，在评价的 700 条河流中，水质

良好的占评价河长的 32.2%，受污染的河长占评价河长的 46.5%。全国七大江河中，淮河、黄河、海河的水质最差，均有 70%的河段受到污染。黄河、淮河、海河等中下游发生的断流现象，导致河口严重淤积；不少中小河流由于城镇工业的超量排放污水已成为污水河。② 湖泊、水库的富营养化严重。由于我国人口增长和城市化进程的加快，工农业的发展，特别是农用化肥及农药的大量使用，使排入湖泊、水库的磷、氮、钾等营养物质增加。据统计我国 131 个大中型湖泊中，有 89 个湖泊被污染，有 67 个湖水水体达富营养化程度。③ 北方地区地下水超量开采，导致地下水位下降，形成许多大小"漏斗"，如北京、太原、石家庄、保定以及黑龙江地区的地下水下降严重。不少水体既不能饮用，也不能灌溉。④ 海水入侵严重。据调查，辽宁、河北、山东等省有 70 个地块发生海水入侵，总面积达 1 433.6 km^2，其中以烟台、大连最为严重。⑤ 水土流失严重。全国水土流失面积达 367 万 km^2，每年流失的泥沙约 50 亿 t；黄河的泥沙量约为 16 亿 t，其中 4 亿 t 淤积在下游，导致黄河河床每年以 10 cm 速度抬高。以上种种构成了我国严重的水环境问题。随着人类的进步和工农业生产的发展，人们逐渐认识到，水并不是取之不尽用之不竭的资源，而是人类社会正面临的紧缺资源。日益严重的水资源短缺和严重的水环境污染困扰着国计民生，而且业已成为制约社会经济可持续发展的主要因素。据不完全统计，目前全世界有 100 多个国家缺水，其中严重缺水的国家已达 40 多个。我国同样面临水资源紧缺的现实。我国人均占有水资源 2 700 m^3，仅相当于世界平均值的 1/4。近年来，生产和生活用水需要量不断增加，因此甚感水资源之不足。尤其是北方地区气候干旱，雨水稀少，水资源更加缺乏。特别是在人口稠密、工业集中的城市、地区，如北京、天津、河北、山西、豫北、胶东和辽河流域，人口占全国的 17.6%，土地占全国的 6%，工农业产值却占全国的 25%，而水资源仅占全国的 3.4%，人均仅 517 m^3/人，为全国人均值的 1/5。

日趋严重的水污染，使本来有限的水资源的相当部分失去了使用价值。据统计，由于水资源短缺，我国山东、辽宁、江苏、黑龙江、陕西五省 94 个城市 1989 年影响工业产值 127 亿元左右。

以北京市为例，北京市地处华北平原北端，年降雨量多年平均仅 600 mm 左右，而且由于受季风气候及地形的影响，降雨的时空分布极不均匀，年际变化悬殊，年降雨也很集中。为解决北京市用水问题，除勘探、开采地下水外，还修建了密云、官厅等水库来存蓄地表径流，对解决北京市用水问题起到了很大作用。随着城市建设的不断发展，目前全市工农业及城市环境等总用水量已经接近本市可供水源的能力，市区地下水已经严重超量开采。“南水北调”计划正是为解决北京、天津等北方城市用水及农业用水而制定的，但工程投资大、难度大、周期长，而且，如不加强污染治理和节约用水，将会造成更大的环境问题。

当前，我国正处于经济快速发展时期，各种自然灾害和人为活动带来的环境风险不断加剧、突发性环境事故频发、目前面临的水污源环境事故形势严峻；近些年来我国不断加强各级环保部门应急能力和相关制度的建设，工作取得了初步成效。目前水环境污染环境事故危险源应急中采用的主要手段是辅助机构和人员进行排查，从发现点溯流而上，工作量大，并且会延误处理时间，所以事故排查已成为当前环境应急处理中的“瓶颈”、改变目前被动工作局面的关键；同时也成为我们当前学科研究领域中的一个突出问题。随着我国对环境事故应急工作的重视，特别是对危险源的管理、自动监测和预警、快速应急反应等方面取得了一定的成果，主要是：① 采用卫星、地面、水体同步监测的方法，研究主要污染物的污染程度与波谱特性间的定性、定量关系，并建立了水质污染预测遥感模型，从而实现对污染的全过程监控。② 结合 GIS 技术建立环境信息数据库，实现快速搜索、快速存取和管理；进行可视化的显示；进行空间和属性数据间的互动查询、统计分析功能；提供多种空间决策功能；与环境污染分析预测模型相结合，生成有效的决策支持信息。③ 在线监测设备的引用，水环境污染源监测是环境保护行政主管部门为控制污染物排放浓度和总量控制而实施的一项重要措施，是环境保护部门进行环境管理的基础和技术支持，同时也是环境执法的基本依据。

基于水环境污染源项的识别、定位及强度估计等而形成的各种理论，对应急环境处理进行了有力的探索。

3.2 水环境污染环境事故危险源的构成要素

水环境污染源的来源主要是未加工处理的工业废水，生活废水。工业废水是工业污染引起水体污染的最重要的原因。它占工业排出的污染物的大部分。工业废水所含的污染物因工厂种类不同而千差万别，即使是同类工厂，生产过程不同，其所含污染物的质和量也不一样。工业除了排出的废水直接注入水体引起污染外，固体废物和废气也会污染水体。

农业污染，首先是由于耕作或开荒使土地表面疏松，在土壤和地形还未稳定时降雨，大量泥沙流入水中，增加水中的悬浮物。

还有一个重要原因是近年来农药、化肥的使用量日益增多，而使用的农药和化肥只有少量附着或被吸收，其余绝大部分残留在土壤和漂浮在大气中，通过降雨，经过地表径流的冲刷进入地表水和渗入地下水形成污染。水环境污染环境事故具有性质的复杂性、形式的多样性、发生的突然性、危害的严重性和处理处置的艰巨性等特点。其危险源主要由三个要素构成：潜在危险性、存在条件和触发因素。危险源的潜在危险性是指一旦触发事故，可能带来的危害程度或损失大小，或者说危险源可能释放的能量强度或危险物质量的大小。危险源的存在条件是指危险源所处的物理、化学危险源转化为事故的外因，而且每一类型的危险源都有相应的敏感触发因素。因此，一定的危险源总是与相应的触发因素相关联。在触发因素的作用下，危险源转化为危险状态，继而转化为事故。不少地区的水污染事件频繁发生，引起了人们对其中原因的深层思考。根据国家相关部门提供了解到的资料，单从直接方面看，主要还有五个方面的原因：一是水污染物排放总量居高不下，水体污染相当严重。据环保部门监测，近年来全国七大水系的 411 个地表水监测断面中有 27%的断面为劣Ⅴ类水质，全国约 1/2 的城市市区地下水污染严重，一些地区甚至出现“有河皆干、有水皆污”的现象。二是部分流域水资源的开发利用程度过高，加剧了水污染的恶化。根据最新《水资源调查评价结果》，淮河开发利用率为 53%，辽河开发利用率为 66%、海河开发利用率为 100%，导致这些河流枯水期基本没有生态流量，大大降低了流域水体的自净能力。三是城乡居民饮用水安全存在极大隐患。据环保部门查实，全国 113 个重点环保城市的 222 个饮用水地表水源的平均水质达标率仅为 72%，不少地区的水源地呈缩减趋势，3 亿多农村人口的饮用水存在安全问题。四是水污染事故频繁发生。水污染事故发生的起数，约占全部环境污染事故总量的 49.2%。五是守法成本较高，违法成本较低。

但是按照污染源的分布特征，还可分为点污染源和面污染源两大类。点污染源是集中在一点或小范围内排放污染物的污染源。主要是城镇和工矿企业排放的生活污水和工业废水。面污染源则指污染物随地表径流分散进入水体的污染源。农田中施用的化肥、农药等，大气中的酸雨都可能部分进入水体造成污染。另外，在生产或运输过程中发生的有毒物质或油类等泄漏事故，则会造成突发性的水污染。水污染防治工作发展的新形势，需要进一步完善现有法律责任，加大处罚力度。

总之，水环境污染现状最根本目的就是发现污染源，找到治理方法。

3.3 调查和评价目的

对于调查水环境污染的目的是在于让人们认识到水并不是取之不尽用之不竭的资源，水资源紧缺已经成为世界性的问题，在这样的严峻形势下做出相应的处理措施。同时应认识到水环境污染环境事故具有突发性和影响范围的广泛性。这就迫使环保部门必须事先制定预防突发性污染事件的预案，提高对突发性污染事故处理处置的应变能力，目的在于指出人类依赖水而生存，水环境亦需要人类的保护而完成循环，这两个方面相互依存。保护水环境、珍惜水资源就是保护人类自己。

公众参与措施的方式有：

（1）让公众参与河道环境管理。河道管理部门应建立与沿线居民的沟通渠道，定期访问居民，公布举报电话，让居民有机会参与对污染源的监督，及时发现问题，进行处理。也可以实行“门前三包”等措施，目的是充分发挥群众保护水环境的巨大热情，对水环境实行有效的监督和保护。

（2）搞好大众教育。对大众加强保护水质的教育，沿河树立一些警示牌，呼吁人们注意保护水质。另外，新闻媒体继续对大众进行环境保护的教育。然而在此过程当中有几方面问题没有得到足够重视或未能有效执行：首先，治理水污染的过程中要避免将水环境整治工作同行政强制措施完全等同起来。应该在整治的过程中更多地采用经济手段，调动排污单位的内部积极性，使污染物达标排放和综合治理成为企业主动的自发的自愿的行为。这样不仅能够减少行政强制执行的费用，而且可以减少以致杜绝企业弄虚作假、追求形式上的达标和保留实质上的污染行为的发生，从而有效地提高有关法律法规执行的有效性。在通常意义上的引进经济激励措施、奖励达标先进单位、为其提供政策优惠的做法之外，是否可以将水环境治理与清洁生产工艺技术的市场开发有效地结合起来，在停产、关闭污染企业的同时创立和新建与环境保护有利的新企业、新市场，使水环境整治工作同社会经济其他方面有机地联系在一起，使环保工作不再对于工业企业的发展只是一味地否定，而是肯定与否定相结合。从长远发展的角度看，工业走向环境健康化是世界发展的总体趋势，清洁生产工艺的开发利用将在不久的未来占据巨大的市场份额。因此我们应该把握时机，争取利用后进优势，在促进环境质量改善的同时获得经济的更大发展。

其次，水污染的治理过程中还应避免将水污染防治与工业企业达标排放等同起来。中国是一个农村人口占到 70%的农业大国，且农业现代化程度较低。美国著名的化学家和环保主义者蕾切尔·卡逊在 20 世纪 60 年代所关注的农业污染问题在今天的中国仍然具有极为现实的指导意义。当对我国大多数流域污染情况寻根溯源的时候，我们会发现干流和支流沿岸的农药化肥及其他农业废弃物被肆意地向水体抛弃，这是造成水环境恶化的重要原因之一。然而在水环境治理的实际操作中，我们几乎看不见有关治理农业面源污染的举措，更没有像“零点行动”那样富有广泛社会影响力的治污行为发生。当然我们并不否定工业企业污染治理与农业污染控制本身有着不可分割的联系，对于“15 小”企业的治理在一定范围内断绝了农业污染物的来源，然而从现实的角度来看，这还远远不够；农业的面源污染较之工业企业通常情况下的点源污染而言，控制的难度大得多，甚至近乎不可操作，然而不能因为该问题解决起来有极大困难而视其不存在。这样只能造成对农业污染的默认，从而使问题扩大化。

水污染治理比防洪、抗旱难度更大，因为洪水的发生在时间上偶然性、在地域上有局限性，而水污染则是每时每地都存在。洪水、干旱是天灾，水环境污染是人祸，是人引起的，治污会影响部分人的利益，会涉及社会中的各方面。

3.4　调查和水环境污染防治法的适用范围

调查是为了发现问题，发现水污染环境的最高源头和防治的最根本问题。目前可以确定的是，水污染环境防治的问题就出在体制上，治污不治水，治水不治污，这个问题不解决，污染问题就会是老样子，因此治理水污染环境应该重视从源头开始。现在大多数治理都是从末端治理，根本问题不解决后面的治理会更艰难，治理水污染环境体制机制比什么都重要。然而水污染源的产生，在流域环境管理，以及各地区的环境质量功能规划均较多注重本地利益，导致流域污染物总量居高不下，而各级政府不能依法治理水源环境是最主要的症结和关键所在。当前政府应制定和完善地方法规、规章，采取积极措施，取缔关闭饮用水水源保护区的排污口和违法建设项目办法固然不错。但是，对于当前污染水源的一切行为，还应当重点惩治。首先，应当对一切污染水源的源头，实行“一刀切”治理，绝不放过一个治理死角；其次，治理水源环境，应当纳入各级政府政绩，视环保，视水资源保护为重要政绩，实行一票否决权。只有从源头上治理水源环境，才能解决饮用水问题，现阶段主要是调查和评价水环境污染环境事故危险源，并对其实行有效地识别、对其风险的评价与风险控制进行策划与更新。

水污染防治法适用于中华人民共和国领域内的江河、湖泊、运河、渠道、水库等地表水体以及地下水体的污染防治。“中华人民共和国领域”包括我国的领陆、领水及领空，也就是说，水污染防治法适用于我国内陆水体的污染防治。我国的海洋污染防治由《中华人民共和国海洋环境保护法》规定，不适用水污染防治法。

因此，“水体”是水的积聚体，不仅包括水，还包括水中的悬浮物、溶解物、底泥和水生生物等。水污染防治法之所以将水体作为最终的污染防治对象，是因为在许多情况下，水的污染并不能从水本身反映出来，而是从整个水体反映出来。如水被重金属污染后，水中重金属的含量一般不高，原因是重金属在水中沉入了底泥，仅从水中检测，水似乎未受到污染，但从整个水体检测，水已受到严重污染。“地下水体”与“地表水体”一样是宝贵的自然资源，“地下水体”是指存在于地表以下岩土孔隙、裂隙和洞穴中的各种不同形态的水体。地下水体的污染也会对人体健康、生态环境造成危害，因此水污染防治法同样适用于地下水体的污染防治。

水污染防治法适用于地表水体和地下水体的污染防治，这里讲的“污染防治”不仅指防治污染的活动，还包括排放污染物污染水体的活动。任何单位、个人，不论其国籍，其行为只要涉及在我国领域内江河、湖泊、运河、渠道、水库等地表水体以及地下水体的污染防治，都要遵守水污染防治法。

3.5 水环境污染环境事故危险源的调查与评价的过程及其评价方法

水环境污染事件接连发生，污染甚为严重，人们只注重节省原材料的消耗，而对于在生产中出现的一些有害的物质并没有引起重视，废水没有经过处理就直接排放到河中，造成水体污染严重。在很多的调查中可以看到有工厂把污水直接排放入河中，排污口处的水面上漂浮着大量的白色泡沫。河水不再清澈，究其原因，可从以下两方面分析：① 饮用水水源的工业、第三产业污染大量存在，一些矿山的开采以及工业排污破坏了水体质量；有些水源保护区成了旅游景点，旅游垃圾和餐馆废弃物的排放，给饮用水水源造成的威胁日益增大，水源环境污染的形势比较严峻。② 生活污水和生活垃圾的排放污染了水源。在许多河流两岸都可以看到随地堆放的生活垃圾，风天被刮到水面上，雨天被冲到河水里，造成的污染比较严重。

面对如此严重的水源污染情况，水源污染治理亟待提速，水源污染的防治对维护管理水源保护区十分重要。防治污染原则是预防为主，重在管理，主要方法：

（1）定期进行水体污染源调查。根据水源污染的类型进行定期调查，要实地观察，收集排污资料，并且将污水排放口的水样委托当地卫生防疫或环保部门进行分析，并将调查结果整理成文字材料，预测污染发展的趋势。调查时间一般每年一次，规模要大，最好会同卫生防疫、环保部门一起调查，如果水质发生变化则相应增加调查次数。

（2）加强水源上游水质监测。监测项目主要选择对水源有影响的项目，可以选择反映水的感官性状的如浊度、色度、臭味、肉眼可见物等；反映有机物污染的如溶解氧、生化需氧量（BOD_5）、化学需氧量（COD）、“三氮”（氨氮、亚硝酸盐、硝酸盐）；反映细菌污染的微生物指标等；富营养化的藻类与浮游生物的监测。

日趋加剧的水污染，已对人类的生存安全构成重大威胁，成为人类健康、经济和社会可持续发展的重大障碍。绝不能再走先污染后治理的老路，为了拥有洁净的水环境，保护水资源，从水源保护做起。

水体污染的加重直接影响工农业的发展，制约了人民物质生活水平的进一步提高。现阶段水污染治理投入严重不足，建设进度很慢，城市废污水处理率低，致使水体污染严重。工业固体废弃物和生活垃圾产生量大，工业废水治理难度较大，乡镇企业发展快，工艺技术和生产设备落后，废水处理能力较低。加上水土流失严重及农村农药化肥大量使用造成的水体污染。另外，水资源意识薄弱，水环境保护意识不强也是造成水体污染严重的因素之一。

近年来，随着我国社会经济的快速发展，尤其是乡镇工业和人口城镇化的发展，废污水和污染物排放量有了显著的增长，环境污染越来越突出。尤其是与人体健康、生态环境等密切相关的水体污染问题，日益受到人们的关注。如何对已经受到污染的水体做出合理性评价，确定其污染程度，是制定污染治理措施的前提条件。

目前关于水污染评价的方法多种多样，主要有综合污染指数法、系统聚类分析法、模糊数学方法、人工神经网络分析法、灰色聚类分析法、热力学方法等。每种方法都有各自的优缺点，根据具体情况可以选用不同的评价方法或者多种方法相结合。本书在综合论述了各种评价方法的基础上，根据实例结果，分析比较了各自的优缺点，最后提出了合理的建议。

3.6 水污染评价方法

3.6.1 综合污染指数法

综合污染指数法就是把具有不同量纲的量进行标准化处理，换算成某一统一量纲的指数，使其具有可比性，然后进行数学上的归纳和统计，得出一个较简单的数值，用它代表水体污染程度。该法具有简单明了、评价准确的优点，在实践中得到了广泛的应用。计算式为：

$$P_i = C_i / C_{oi} \qquad P = (1/n)\sum(W_i P_i)$$

式中，P_i 为综合污染指数；C_i 为污染物实测浓度；C_{oi} 为污染物评价标准；W_i 为权重系数；n 为污染物个数。

系统聚类分析法就是利用一定的数学方法将样品或变量归并为若干不同的类别，使得每一类别内的所有个体之间具有较密切的关系，而各类别之间的相互关系相对地比较疏远。系统聚类分析最后得到一个反映个体间亲疏关系的自然谱系，能比较客观地描述分类对象的各个体之间的差异和联系。

3.6.2 模糊数学法

按模糊数学的观点，水污染评价中“污染程度”的界线是模糊的，对于这样的模糊问题应该用模糊数学方法把许多资料、判断及各种定性描述转化为模糊语言，对水污染进行综合识别和判断，将会得到更为合理的解决。模糊数学在水质评价中的应该分为模糊聚类分析法和模糊综合评判法。前者是根据各项污染指数得到的模糊矩阵作复合运算，得到模糊等价关系矩阵，然后冉进行模糊关系的分类。后者则是以隶属度来描述模糊的水质分级界线的。

3.6.3 人工神经网络分析法

人工神经网络在水文领域的应用起步较晚，但由于计算机水平的提高，其发展却相当迅速。运用 BP 神经网络评价水质步骤如下述。

（1）建模时将水质评价标准中的水质因子作为该网络的输入参数，每个分级标准就是一个标准学习样本，在[0，1]区间上随机赋予隐层和输出层的初始权值和阈值，对每个学习样本进行反复学习，直到输出层输出值均方误差小于给定精确度，学习结束，并输出调整后的权值和阈值。

（2）用调整权值和阈值后的 BP 网络评价河道水质。

3.6.4　灰色聚类分析法

灰色聚类是建立在灰数的白化函数生成基础上的一种方法。灰色聚类分析法是将评价聚类对象对不同评价聚类指标所拥有实测值或分析数据的白化值，按 N 个评价灰类等级进行归纳整理，从而判断聚类对象归类的灰色统计法。其步骤如下述。① 确定灰类白化系数 a_{ki}；② 确定评价指标白化函数特征值 A_{ij}，该值通过各指标分级标准予以确定；③ 数据的无量纲化处理；④ 确定灰类的白化函数 F_{ij}（x），一般有 3 种类型：大于型（A_{ij}① ＜A_{ij}＜∞）、区间型（A_{ij}①≤A_{ij}≤A_{ij} ②）、小于型（0＜A_{ij}＜A_{ij}②）；⑤ 求各指标在各类别中的权重 W_{ij}，即 $W_{ij}= A_{ij}/\Sigma A_{ij}$；⑥ 求聚类系数 d_{ij}，即 $d_{ij}=\Sigma F_{ij}$（a_{ki}）W_{ij}，并构造聚类向量 d_k，$d_k=\{d_{k1}, d_{k2}, \cdots, d_{kp}\}$；⑦ 确定评价等级，做聚类分析，在 d_k 中求最大的元素 d_{kj}，即 $d_{kj}=\max\{d_{kj}\}$，则第 k 个待评样本属于第 j 个等级。

这里只对几种最常用的方法做详细介绍，其他方法就不再赘述。

3.7　实例分析

3.7.1　评价标准

根据已有的研究报告，我国北方水体污染的严重程度明显高于南方。因此，对突发水环境事故的稀释容量较低，环境事故的应急处理更加困难。以北方某一河道为例，根据其断面水质监测资料，用上述各方法进行评价。评价标准采用《地表水环境质量标准》(GB 3838—2002)。选择污染重、代表性强的 COD、氨氮、硫化物和总磷四项作为评价项目，可以对水体水质进行评价。

3.7.2　评价分析

根据比较评价结果发现，河道除水库处水质较好外，其他断面都已受到不同程度的污染。四个评价项目中，以 COD_{Mn} 和氨氮超标最为严重。其原因主要是由于城镇污水超标排放引起的。分析表明，综合污染指数法评价操作简单，但权重的确定主观性和经验性较强，容易导致结果的不稳定性；系统聚类法、模糊数学法、人工神经网络法和灰色聚类法计算较复杂，但利用计算机编程求解可以提高效率，而且结果也比较准确。笔者认为，如果能将模糊数学法的隶属度理论与灰聚类的权重确定方法结合起来，能得到更为客观的结果。由此可见，① 综合污染指数法比较简单，在只做比较粗略并且对河道现状了解比较详细的情况建议采用此法。② 模糊数学法将污染程度的界线模糊化，理论上最为客观，能得到比较合理的结果。但是计算较复杂，建议采用计算机编程提高计算效率。③ 综合比较了计算量及评价结果的精确性后，认为将模糊数学法的隶属度理论与灰聚类的权重确定方法结合起来，将能得到更为合理的评价结果。

鉴于目前水污染问题日益恶化的现象，环境风险预警与应急，应该从水体污染评价入手，结合几种常用评价方法，确定受污染的水体稀释容量，以确定处置方法。

3.8 结 语

水环境的良好与否是经济发展和社会稳定的重要因素之一，水资源的合理利用和开发，是实现可持续发展的战略性特征。水污染直接影响工农业和经济的发展。目前水环境污染环境事故的溯源研究尚未成熟，还需将危险源的调查、流域实时预警等方面进一步深入研究，建立科学的调查与评价方法；通过应急监测、实地调查、专家决策分析等多方面的技术手段共同发挥作用，提高对突发性污染事故处理处置的应变能力、减少其潜在危险性。

参考文献

[1] 肖晓琴，肖云. 我国近年重大环境污染事故归因分析[J]. 江西化工：2008，18（2）：43-46.

[2] 焦守莉. 遥感技术用于监测海水水质.北京测绘[J]. 1999（4）：46-49.

[3] 汪小钦，王钦敏，刘高焕，等. 水污染遥感监测[J]. 遥感技术与应用. 2002，17（2）：74-78.

[4] 石林，曾光明，张华，等. 地理信息系统在突发性环境污染事故应急处理中的应用. 遥感技术与应用[J]. 2005，20（6）：630-634.

[5] 林奎，杨大勇，李适宇，等. 基于 SDSS 的水环境决策系统技术研究[J]. 中国环境监测，2009，25（6）：3-6.

[6] 方子云. 水资源保护工作工作手册[M]. 南京：河海大学出版社，1998.

[7] 马才. 开发水产资源改善水质的研究[J]. 北京水利：1995，15（4）：123-127.

第 4 章
水环境污染事故的预防与污染源的监测和预警方法

摘要：水环境污染事故的预防与污染源的监测和预警方法，是开发利用水资源、防治水环境污染和破坏的重要方法。目前我国人均占有的淡水资源不丰富，相当一部分地区的水资源十分缺乏。同时，由于水环境污染环境事故造成的工业废水和生活污水排入水体，使水环境质量恶化，地表水和地下水受到污染，减少了可利用的水资源，进一步加剧了水的供需矛盾。因此，有效地进行水环境污染事故的预防与污染源的监测和预警，是保护水环境污染事故风险的重要途径。

关键词：水环境污染事故　污染源监测　事故预警

近年来水环境污染事故频发，全世界都面临洁净水危机的烦恼。尽管我国的水资源总量在世界居第六位，但仍然属于严重的缺水国之一，人均水资源占有量只有世界平均水平的三成，是全球人均水资源最贫乏的国家之一。全国 600 多个城市中目前大约一半的城市缺水，水污染的恶化更使水短缺。

我国江河湖泊普遍遭受污染，全国 75%的湖泊出现了不同程度的富营养化；90%的城市水域污染严重，南方城市总缺水量的 60%～70%是由于水污染造成的；对我国 118 个大中城市的地下水调查显示，有 115 个城市地下水受到污染，其中重度污染约占 40%。水污染降低了水体的使用功能，而近年来水环境污染事故加剧了水资源短缺。

水环境污染事故引起的水体污染主要来自几个方面，一是工业事故超标排放工业废水；二是危险化学品运输造成的水体污染；三是城市化中由于城市污水排放和集中处理设施严重缺乏，大量生活污水未经处理直接进入水体造成环境累积性污染。因此，有效地进行水环境污染事故的预防与污染源的监测和预警，是保护水环境，降低水环境污染事故风险的重要途径。

4.1 水环境污染环境事故预防的方法

4.1.1 法律和行政方法

法律和行政方法是水环境污染环境事故预防的重要方法。由于经济和法制的滞后，我国的水环境污染环境事故预防工作一直以健全法制和加强环境道德教育为主，经济处罚为辅。水环境污染环境事故预防由分散防控为主转向集中控制与分散防治相结合，由作业部位为主转向全过程控制与清洁生产转移。由区域管理为主转向区域管理与流域管理相结合的指导思想的转变。今后工作的重点应在水环境污染环境事故预防中，加强监督管理和强化执法，真正做到有法必依，违法必究，降低环境事故引起的水环境污染，最终实现水体变清，保障水资源的可持续利用。

4.1.2 水环境污染环境事故预防观念的转变

水环境污染事故预防观念受传统思维定式的影响，人们觉得用水环境污染事故不会引起大的环境问题，一旦发生水环境污染事故都是小事故，不会引起流域的水环境污染问题，同时随着污水处理设施的建设，可以有效防止水环境事故污染的发生。正因为如此，长期以来，城市排水设施及污水处理厂的建设和运营管理都是以国家和地方政府投资为主，这不利于污水处理事业的发展，也是造成我国水体普遍受到污染的最主要原因。一般完善的排水工程，污染投资在 1 500～2 000 元/m^3，经常性费用一般在 0.1～0.3 元/m^3 污水。2002 年，我国城市污水排放总量大约为 400 亿 m^3，预计到 2010 年，全国城市污水排放总量将增加到 640 亿 m^3。从保护城市水源水质并逐步完善水环境的角度考虑，到 2010 年，城市污水处理率至少要达到 50%（目前不足 15%）。要达到上述处理程度，年投资至少需要 800 亿元人民币，污水处理的成本太高。而切实可行的办法就是转变观念，走市场化的路子，即“谁污染，谁治理”，在收取水费的同时收取水污染治理费，污水处理厂实行企业化运营，国家只负责相关法规的制定和执行工作。

4.1.3 技术手段

为了消除污染对环境的危害，从根本上说有两个途径：一是推广应用清洁生产和清洁产品，将污染消除在生产过程中，消除它们对水环境的污染，从而把水污染防治的重点由末端治理转向源头控制；二是采用适当的技术，消除污染物或将其转化为无毒无害的、稳定的物质。由于受科学技术水平的限制，我们还不可能要求所有的领域都应用清洁生产工艺和清洁产品，所以，采取合适手段，将污染物去除或将其转化为无毒无害的物质是消除环境污染的最有效、最直接的手段。为此必须做好以下几个方面的工作：① 建立完善的污水收集与输送系统污水处理应包括污水收集和输送，只建污水处理厂而没有相应的管理网收集系统，不是完整的污水处理系统。有的地方厂建好了，却由于管渠建设不善，只能半负荷运行，不但造成浪费，未经处理的污水任意排放，还造成了受纳水体的严重污染。所以建立完善的污水收集与输送系统是污水处理系统的关键。② 确定合理的规模对污水处理厂究竟建多大规模要有长远考虑和统筹安排，设计时要充分考虑现在和将来的污水处理量，以此指导污水处理厂的建设规模。③ 选择适当的处理工艺不同的地方，由于水量、水质不同，排放标准也不一定一样，应因地制宜地选择处理工艺。目前我国城市污水处理大多采用一级处理及一级加强处理工艺，其基建费用一般在 500～700 元/m^3，经常性费用在 0.1～0.2 元/m^3 范围内，比较适合于污水排放量不大或环境容量较大，经济不是很发达的地区；相反，二级处理及二级加强处理工艺比较理想，这类污水处理工艺通常以活性污泥法居多。氧化沟因其处理效果好、性能稳定，便于管理，在二级处理中被广泛采用。

4.2　水环境污染环境事故预防的措施

按流域、区域综合防治水污染的措施：

（1）水污染综合防治是流域、区域总体开发规划的组成部分。水资源的开发利用，要按照“合理开发、综合利用、积极保护、科学管理”的原则，对地表水、地下水和污水资源化统筹考虑，合理分配和长期有效地利用水资源。

（2）制订流域、区域的水质管理规划并纳入社会经济发展规划。制订水质管理规划时，对水量和水质必须统筹考虑，应根据流域、区域内的经济发展、工业布局、人口增长、水体级别、污染物排放量、污染源治理、城市污水处理厂建设、水体自净能力等因素，采用系统分析方法，确定出优化方案。

（3）重点保护饮用水水源，严防污染。对作为城市饮用水水源的地下水及输水河道，应分级划定水源保护区。

（4）厉行计划用水、节约用水的方针。加强农业灌溉用水的管理，完善工程配套，采用渠道防渗或管道输水等科学的灌溉制度与灌溉技术，提高农业用水的利用率。重视发展不用水或少用水的工业生产工艺，发展循环用水、一水多用和废水回收再用等技术，提高工业用水的重复利用率。

（5）流域、区域水污染的综合防治，应逐步实行污染物总量控制制度。对流域内的城市或地区，应根据污染源构成特点，结合水体功能和水质等级，确定污染物的允许负荷和主要污染物的总量控制目标，并将需要削减的污染物总量分配到各个城市和地区，进行控制。

（6）控制农业面源污染。合理使用化肥，积极发展生态农业；研究和使用高效、低毒、低残留的农药，并发展以虫治虫、以菌治虫等生物防治病虫害技术，以防止和减少农药（包括农田径流）对水体的污染。

4.3 污染源的监测与预警

目前，我国重大突发性水污染事故发生后，应急处理工作往往处于被动局面，有些事故情况不能及时向有关部门报告，造成重大水体污染，突发事故的预警预报系统建设日益紧迫。

根据有关规定，排污单位发生事故或者其他突然性事件，必须立即向当地环境保护部门报告。报告时间期限是“事故发生后 48 小时内”。但现在的事故信息传递往往没有严格按这些规定执行，因人为或其他因素延误了处理污染事故时机，也造成居民的恐慌心理。水质自动监测系统可对突发性水污染事件及时报警。国外发达国家在水质自动监测系统集成方面，广泛应用现代尖端的微电子技术、嵌入式微控制器技术，并做到智能化的数据采集、分析和运算，水质监测实现了自动化。经过多年的发展，国外已建成的水质自动监测系统有全自动联机系统、半自动脱机系统，监测仪分为站房式和探头式两种类型，可连续监测水质的动态变化，与水质预警预报模型系统连接，即可对下游水质作出污染预报。我国已建立部分自动监测站，但在系统集成化和水质信息管理方面发展还不够成熟。突发性水污染事件预警预报系统的建立，有利于全面、科学、真实地反映河段水质情况，用这样的监测结果评估水质状况更为及时、准确和可靠。为此突发性水污染事件自动监测系统已经引起我国相关部门的极大重视。开发适合我国国情的水质自动监测管理系统软件、开展系统集成化势在必行。具体如下：① 突发性水污染事件自动监测系统；② 水样采集控制子系统；③ 水质监测子系统；④ 数据采集和信息传输子系统；⑤ 信息管理和预警预报子系统。

4.4 结 语

水体的自然净化能力有限，合理的布局可以充分利用自然环境自净力，变恶性循环为良性循环，起到发展经济、控制水污染的作用。总之，水环境保护必须遵循合理开发、节约使用和防治污染三者并行的方针。水污染治理过程应当同生态环境的恢复和改善紧密结合起来。环境问题以其固有的全方位、多因子的特点区别于其他任何部门法所调整的对象，这就要求在整治水环境问题的过程当中首先要考虑水污染问题的流域性，加强河流湖泊沿岸省市地区之间的协调和合作。这一点在淮河治理过程当中已经获得重要的实践经验，应该在全国范围内加以推广。水资源作为生态环境的一个重要成分，对于人类生产生活都具有不言而喻的重要价值，因而将水环境整治与水权概念的开发相结合，明确水资源使用的受益者和水环境问题的治理者无疑具有重要意义；与此同时，对于水资源的开发利用要实行全流域统筹兼顾的方针，生产、生活和生态用水综合平衡，做到微观与宏观相结合，促进水环境问题的根本解决。

自古以来，人类就是在水的滋养下生存和繁衍，今后也将同样依赖于水资源而继续存在和发展。无论社会如何进步，时代如何发展，我们都不能以水环境的恶化为代价换取一时的经济发展，因为那将造成人类无法承受的恶果，并最终导致一切人类文明化为乌有。如果说过去的水环境问题是由于人类的无知导致的，那么今天，我们已经逐渐清醒地认识到问题的严重性；如果说已经造成的水污染及水生态环境的破坏是我们疏于管理的结果，那么今天，我们已经在水环境治理的道路上迈出了坚实的一步；如果说已经完成的治理工作在遏制水环境恶化方面起到了可喜的积极作用，那么今后的工作将更加艰巨和繁重，需要更完善的立法支持、更广泛的社会参与及更持久的全方位投入。水环境的现状要求我们不懈地坚持治理工作，已取得的成绩激励我们更有信心地将治理工作开展下去。

参考文献

[1] 张闻波，朱星明．太子河流域水资源实时监控管理系统集成技术研究[J]．中国水利水电科学研究院学报，2005，3（2）：143-149．

[2] Fred A Cummins．Enterprise Integration：An Architecture for Enterprise Application and System Integration[M]． byJohn Wiley＆Sons．Chicago：lnc，2002．

[3] 钟名军.数字水环境管理系统和数字水质预警预报系统集成[J]．中国农村水利水电，2005，12：20-22．

[4] 霍庭秀，多泥沙河流开展水质自动监测的探讨[J]．水资源保护：2002，（4）：52-54．

[5] 黄润华，贾振邦．环境学基础教程[M]．北京：高等教育出版社，1997．

[6] 杨英，张家红．对我国水污染防治策略的思考[J]．合肥工业大学学报：社会科学版，2004，18（5）：260-263．

[7] 黄锡生，陈有根．我国水污染防治的立法研究[J]．国家行政学院学报，2006（2）：58-61．

[8] 蒋耀新．水环境现状及水污染防治[J]．甘肃环境研究与监测，2003，16（4）：454-456，460．

[9] 魏山峰．推进环境监测事业又好又快发展[J]．环境保护，2008，387（1A）：48．

[10] Puzicha，H．Evaluation and avoidance of false a1 a]Hn by control Ling Rhine water with continuously working biotests [J]．Wat． Sci． Tech．，1999，29（3）：207-209．

[11] 赵勇胜．地下水污染场地污染的控制与修复[J]．吉林大学学报（地球科学版），2007，37（2）：303-310.

[12] 昌忠梅．水污染的流域控制立法研究[J]．法商研究，2005（5）：95-103．

[13] 范俊荣．健全我国水污染防治法中的应急制度[J]．黑龙江省政法管理干部学院学报，2006（4）：113-l15.

[14] Suthan S Suthersan，Fred C Payne．In situ remediation engineering[M]．London：CRC Press，2005.

第5章

流域水环境污染环境事故的监测与应急响应过程

摘要：阐述了国内外在流域水环境突发性污染事件监测与应急响应方面的研究与进展。以国内外典型的应急预案编制指南为依据，根据基础信息调查、事故现场调查、应急响应、应急培训和演习等视角进行分析，识别出中国相关应急响应过程中存在的主要问题。分析突发性水污染事故的特点，总结流域水突发环境污染应急处理程序，并借鉴国外应急响应程序，针对目前应急处理中存在的问题提出了建议：应急预案编制指南要详细具体，重视疏散路线和安置场所，将私人响应组织列入应急响应系统相关内容中，同时加强信息对社会和媒体的公开。

关键词：环境污染事故　应急响应　异同点　中美

突发性水污染事故不同于一般的水污染，它没有固定的排放方式和排放途径，突然发生、来势凶猛，在瞬间或短时间内大量地排放污染物质，对水体造成严重污染和破坏，给人民和国家财产造成重大损失的恶性污染事故。许多重大的突发性水污染事故给生态环境及人类的生存带来了极大的灾难。如 1969 年 6 月发生在欧洲莱茵河上的轮船泄漏剧毒农药事故，造成了 400 万条鱼死亡；1978 年 3 月 16 日，美国艾莫科·凯迪斯号油轮船舵失去控制，在法国布列诺民海岸搁浅，溢出的原油形成了一条宽 32.3 km，长 140 km 的海上油带，污染了 240 km 海岸；1986 年 1 月 1 日，瑞士巴富尔市桑多斯化学公司仓库起火，装有 1 250 t 剧毒农药的钢罐爆炸，硫、磷、汞等毒物随着灭火剂进入下水道，排入莱茵河。剧毒物质形成 70 km 长的微红色飘带，以 4 km/h 的速度向下游流去，流经地区鱼类死亡，警报传向下游瑞士、德国、法国、荷兰四国 835 km 沿岸城市，沿河自来水厂全部关闭。翌日，化工厂有毒物质继续流入莱茵河，后来用塑料塞堵下水道。8 天后，塞子在水的压力下脱落，几十吨含有汞的物质流入莱茵河。这次污染造成直接经济损失 600 多万美元，使莱茵河的生态受到了严重破坏。

在我国，每年发生的水污染事故次数过千，严重影响当地的人民生活，社会稳定和经济发展。突发性水污染事故的主要原因有水上交通事故、企业违规或事故排污、公路交通事故、管道破裂等。

突发性应急监测有以下两大特点：首先是不可预见性，包括事故发生地点、时间、污染因子等都是不可预见的。其次是多学科性，环境科学本身是一门边缘科学，这也决定了监测工作的多学科性。因此，突发性应急监测是一项严肃而复杂的工作，监测部门仅仅依靠传统的人工经验和方法，已不能很好地解决各种问题，而必须要与地理信息系统（GIS）结合起来，才能适应应急监测的发展需求。

20 世纪 80 年代初，发达国家相继建立了自动连续监测系统，并使用了遥感、遥测手段，可在极短时间内观察、反映空气、水体污染物浓度的变化、预测预报未来的环境质量。在突发性环境污染事件方面，应用于危险源管理、基于 GIS 平台的应急监测响应系统在近几年相继出现，主要集中在各种环境信息的收集、管理和表达上，而全面涉及突发性环境污染事件处置与预防工作各个环节的决策支持系统的研究相对较少，而其中又以核事故应急系统为主。

5.1 突发性水污染事故

5.1.1 突发性水污染事故的分类

根据分类方法的不同，突发性水污染事故可分为不同类型。按污染物的性质可以分为以下几种：① 剧毒农药和有毒有害化学物质泄漏事故，如 DDT、乐果、氰化钾等；② 溢油事故，如油车泄漏、油船触礁等；③ 非正常大量排放废水事故，如化工厂废水、矿业废水等；④ 放射性污染事故，如放射性废料渗出。

按照事故发生的水域可分为河流污染、湖泊污染、水库污染、河口污染、海洋污染等突发性事故；按发生的范围可分为整个水域（如整个水库）和局部水域（如河道岸边）突发性水污染事故。

5.1.2 突发性水污染事故的特点

（1）不确定性。突发性水污染事故的不确定性表现在四个方面：① 发生时间和地点的不确定性。引发突发性水污染事故的直接原因可能是企业违规或事故排污、水上交通事故、管道破裂等造成的，这些事件发生时间和地点的不确定性，决定了突发性水污染事故的不确定性。② 事故水域性质的不确定性。水域可以分为河流、水库、湖泊、河口、海洋和地下水等类型，还有洪水、潮汐、风浪等瞬时水文变化。③ 污染源的不确定性。事故释放的污染物类型、数量、危害方式和环境破坏能力的不确定性。④ 危害的不确定性。同等规模和程度的水污染事故，造成的污染危害是千差万别的，如污染事故发生地点距离城市水源地很近，城市供水就会中断，其后果将是灾难性的。

（2）流域性。河流具有流域属性决定了水污染事故同样具有流域性。水体被污染后呈条带状，线路长，危害容易被放大。与该流域水体发生联系的环境因素都可能受到水体污染的影响，如河流两侧的植被、饮用河水的动物、从河流引水的工农业水用户等，甚至流域内地下水通过与地表水的交换也可能导致地下水污染等。

（3）处理的艰巨性和影响的长期性。突发性水污染事故处理涉及因素较多，且事发突然，危害强度大，导致应急监测、应急处置的难度很大。即使污染事故得到及时控制，其对当地的环境和自然生态也可能造成严重的破坏，甚至会对人体健康造成长期的影响，需要长期的整治和恢复。

（4）应急主体不明确。由于污染物随流输移，造成事故现场的不断变化，在输移扩散的过程还可能因为各种水力因素的作用产生脱离，出现多个污染区域，这直接造成了应急主体不明确。特别是当污染事故发生在两个地区交界的地方，按照快速响应的原则，就近的基层组织或企业应快速组织起来处理事故，但由于协调权力在上一级组织，经过若干次的通报、请示、指示程序，可能已经错过最佳的处理时间。

5.2 突发性水资源污染事故应急监测过程及比较

对被突发环境事件所污染的地表水、地下水、大气和土壤应设置对照断面（点）、控制断面（点），对地表水和地下水还应设置削减断面，尽可能以最少的断面（点）获取足够的有代表性的所需信息，同时须考虑采样的可行性和方便性。

5.2.1 布点方法

根据污染现场的具体情况和污染区域的特性进行布点。

（1）对固定污染源和流动污染源的监测布点，应根据现场的具体情况，产生污染物的不同工况部位或不同容器分别布设采样点。

（2）对江河的监测应在事故发生地及其下游布点，同时在事故发生地上游一定距离布设对照断面（点）；如江河水流的流速很小或基本静止，可根据污染物的特性在不同水层采样；在事故影响区域内饮用水取水口和农灌区取水口处必须设置采样断面（点）。

（3）对湖（库）的采样点布设应以事故发生地为中心，按水流方向在一定间隔的扇形或圆形布点，并根据污染物的特性在不同水层采样，同时根据水流流向，在其上游适当距离布设对照断面（点）；必要时，在湖（库）出水口和饮用水取水口处设置采样断面（点）。

（4）对地下水的监测应以事故地点为中心，根据本地区地下水流向采用网格法或辐射法布设监测井采样，同时视地下水主要补给来源，在垂直于地下水流的上方向，设置对照监测井采样；在以地下水为饮用水水源的取水处必须设置采样点。

（5）根据污染物在水中溶解度、密度等特性，对易沉积于水底的污染物，必要时布设底质采样断面（点）。

5.2.2 采样

采样前的准备：

（1）采样计划制订。应根据突发环境事件应急监测预案初步制订有关采样计划，包括布点原则、监测频次、采样方法、监测项目、采样人员及分工、采样器材、安全防护设备、必要的简易快速检测器材等，必要时，根据事故现场具体情况制定更详细的采样计划。

（2）采样器材准备。采样器材主要是指采样器和样品容器，常见的器材材质及洗涤要求可参照相应的水、大气、土壤监测技术规范，有条件的应专门配备一套用于应急监测的采样设备。此外还可以利用当地的水质或大气自动在线监测设备进行采样。

（3）采样方法及采样量的确定。应急监测通常采集瞬时样品，采样量根据分析项目及分析方法确定，采样量还应满足留样要求。污染发生后，应首先采集污染源样品，注意采样的代表性。具体采样方法及采样量可参照 HJ/T 91、HJ/T 164、HJ/T 194、HJ/T 193、HJ/T 55 和 HJ/T 166 等。

（4）采样范围或采样断面（点）的确定。采样人员到达现场后，应根据事故发生地的具体情况，迅速划定采样、控制区域，按布点方法进行布点，确定采样断面（点）。

（5）采样频次的确定。采样频次主要根据现场污染状况确定。事故刚发生时，采样频次可适当增加，待摸清污染物变化规律后，可减少采样频次。依据不同的环境区域功能和事故发生地的污染实际情况，力求以最低的采样频次，取得最有代表性的样品，既满足反映环境污染程度、范围的要求，又切实可行。

（6）采样注意事项。① 根据污染物特性（密度、挥发性、溶解度等），决定是否进行分层采样。② 根据污染物特性（有机物、无机物等），选用不同材质的容器存放样品。③ 采水样时不可搅动水底沉积物，如有需要，同时采集事故发生地的底质样品。④ 采气样时不可超过所用吸附管或吸收液的吸收限度。⑤ 采集样品后，应将样品容器盖紧、密封，贴好样品标签，样品标签的内容见 5.2.2 条说明。⑥ 采样结束后，应核对采样计划、采样记录与样品，如有错误或漏采，应立即重采或补采。

（7）现场采样记录。现场采样记录是突发环境事件应急监测的第一手资料，必须如实记录并在现场完成，内容全面，可充分利用常规例行监测表格进行规范记录，至少应包括如下信息：① 事故发生的时间和地点，污染事故单位名称、联系方式。② 现场示意图，如有必要对采样断面（点）及周围情况进行现场录像和拍照，特别注明采样断面（点）所在位置的标志性特征物如建筑物、桥梁等名称。③ 监测实施方案，包括监测项目（如可能）、采样断面（点位）、监测频次、采样时间等。④ 事故发生现场描述及事故发生的原因。⑤ 必要的水文气象参数（如水温、水流流向、流量、气温、气压、风向、风速等）。⑥ 可能存在的污染物名称、流失量及影响范围（程度）；如有可能，简要说明污染物的有害特性。⑦ 尽可能收集与突发环境事件相关的其他信息，如盛放有毒有害污染物的容器、标签等信息，尤其是外文标签等信息，以便核对。⑧ 采样人员及校核人员的签名。

（8）跟踪监测采样。污染物质进入周围环境后，随着稀释、扩散和降解等作用，其浓度会逐渐降低。为了掌握事故发生后的污染程度、范围及变化趋势，常需要进行连续的跟踪监测，直至环境恢复正常或达标。在污染事故责任不清的情况下，可采用逆向跟踪监测和确定特征污染物的方法，追查确定污染来源或事故责任者。

（9）采样的质量保证。采样人员必须经过培训持证上岗，能切实掌握环境污染事故采样布点技术，熟知采样器具的使用和样品采集（富集）、固定、保存、运输条件。采样仪器应在校准周期内使用，进行日常的维护、保养，确保仪器设备始终保持良好的技术状态，仪器离开实验室前应进行必要的检查。采样的其他质量保证措施可参照相应的监测技术规范执行。

5.2.3 现场监测

（1）现场监测仪器设备的确定原则。应能快速鉴定、鉴别污染物，并能给出定性、半定量或定量的检测结果，直接读数，使用方便，易于携带，对样品的前处理要求低。

（2）现场监测仪器设备的准备。可根据本地实际和全国环境监测站建设标准要求，配置常用的现场检测仪器设备，如检测试纸、快速检测管和便携式监测仪器等快速检测仪器设备。必要时，配置便携式气相色谱仪、便携式红外光谱仪、便携式气相色谱/质谱分析仪等应急监测仪器。

（3）现场监测项目和分析方法。凡具备现场测定条件的监测项目，应尽量进行现场测定。必要时，另采集一份样品送实验室分析测定，以确认现场的定性或定量分析结果。检测试纸、快速检测管和便携式监测仪器的使用方法可参照相应的使用说明，使用过程中应注意避免其他物质的干扰。用检测试纸、快速检测管和便携式监测仪器进行测定时，应至少连续平行测定两次，以确认现场测定结果；必要时，送实验室用不同的分析方法对现场监测结果加以确认、鉴别。用过的检测试纸和快速检测管应妥善处置。

（4）现场监测记录。现场监测记录是报告应急监测结果的依据之一，应按格式规范记录，保证信息完整，可充分利用常规例行监测表格进行规范记录，主要包括环境条件、分析项目、分析方法、分析日期、样品类型、仪器名称、仪器型号、仪器编号、测定结果、监测断面（点位）示意图、分析人员、校核人员、审核人员签名等，根据需要并在可能的情况下，同时记录风向、风速、水流流向、流速等气象水文信息。

（5）现场监测的质量保证。用于应急监测的便携式监测仪器，应定期进行检定/校准或核查，并进行日常维护、保养，确保仪器设备始终保持良好的技术状态，仪器使用前需进行检查。检测试纸、快速检测管等应按规定的保存要求进行保管，并保证在有效期内使用。应定期用标准物质对检测试纸、快速检测管等进行使用性能检查，如有效期为一年，至少半年应进行一次。

5.2.4 采样和现场监测的安全防护

进入突发环境事件现场的应急监测人员，必须注意自身的安全防护，对事故现场不熟悉、不能确认现场安全或不按规定佩戴必需的防护设备（如防护服、防毒呼吸器等)，未经现场指挥/警戒人员许可，不应进入事故现场进行采样监测。

（1）采样和现场监测人员安全防护设备的准备。各地应根据当地的具体情况，配备必要的现场监测人员安全防护设备。常用的有：

- 测爆仪、一氧化碳、硫化氢、氯化氢、氯气、氨等现场测定仪等。
- 防护服、防护手套、胶靴等防酸碱、防有机物渗透的各类防护用品。
- 各类防毒面具、防毒呼吸器（戴氧气呼吸器）及常用的解毒药品。
- 防爆应急灯、醒目安全帽、有明显标志的小背心（色彩鲜艳且有荧光反射物)、救生衣、防护安全带（绳)、呼救器等。

（2）采样和现场监测安全事项。应急监测，至少两人同行。

进入事故现场进行采样监测，应经现场指挥/警戒人员许可，在确认安全的情况下，按规定佩戴必需的防护设备（如防护服、防毒呼吸器等)。

进入易燃易爆事故现场的应急监测车辆应有防火、防爆安全装置，应使用防爆的现场应急监测仪器设备（包括附件如电源等）进行现场监测，或在确认安全的情况下使用现场应急监测仪器设备进行现场监测。

进入水体或登高采样，应穿戴救生衣或佩带防护安全带（绳)。

在与面源管理有关的水质检测方面，美国国家环保局设置了土地利用与水源水质监测参考项目表。在应用地理信息系统方面，美国在土地利用中，利用卫星为 14 820 km^2 土地的 9 个流域的地理信息系统提供信息。在“9 • 11”后，人们认识到“水系统单元的脆弱性”和水系统的潜在危险。人们开始评价水系统单元的脆弱性和各种相关因子，向供水企业提供危险评价的方法以及以往安全隐患的目录，修改应急对策规划的导则和技术支持，并对供水企业进行培训，建立了水信息共享和分析中心。设立中心办公室管理数据和交流情报，为预警系统应有必要的组织制度保证，向各用水户通报各种水污染事故和水质变化。在突发性水污染事件预警系统建设中，要有足够的资金保证。突发性水污染事件预警系统中，河水卫生委员会购买和维护分析仪器，供水企业则为监测站提供工作人员和工作地点，但是系统的日常维护管理资金却很不足。一般预警系统包括实时监测系统，分析工具和数据库，快速通信系统和应急预案组成。实时监测系统提供实时水质资料，如俄亥俄河突发性水污染事件预警系统包括 15 个拥有气相色谱仪的监测站监测有机物质污染；分析工具和数据库包括各种污染物质资料库和能够模拟污染物迁移转化的模型，河突发性水污染事件预警系统利用污染物迁移转化模型和数据分析系统为各供水企业提供河流中化学污染物浓度随时间的空间分布情况；快速通信系统要能够满足信息快速交流的需求，如多瑙河突发性水污染事件预警系统装备了和当地计算机网络相连接的卫星通信装置；应急预案包括各种可能出现的污染物质应急方案，如多瑙河突发性水污染事件预警系统有国际操作指南为每个国家提供标准操作技巧。

5.3 水环境污染事件应急响应过程对比

国内外应急预案编制指南在内容构成上有一定的不同，对中国环境保护部 2008 年发布的《环境污染事故应急预案编制技术指南（征求意见稿）》和美国联邦紧急事故管理机构 1998 年发布的《商业和工业应急管理指南》进行比较（见表 5-1），两个指南都用于指导工商业企业制订应急预案。因此，具有较好的可比性。

表 5-1 中美应急预案编制指南内容构成对比

<table>
<tr><th colspan="2">中国应急预案编制指南的内容构成</th><th colspan="2">美国应急预案编制指南的内容构成</th></tr>
<tr><td>适用范围</td><td></td><td colspan="2">目录</td></tr>
<tr><td>规范性引用文件</td><td></td><td rowspan="4">编制预案的步骤</td><td>成立预案编制小组</td></tr>
<tr><td>术语和定义</td><td></td><td>危险性分析</td></tr>
<tr><td rowspan="6">应急预案编制程序</td><td>成立预案编制小组</td><td>编制预案</td></tr>
<tr><td>基本情况调查</td><td>实施预案</td></tr>
<tr><td>环境目标保护的环境风险评价</td><td rowspan="7">应急管理方面</td><td>指挥和控制</td></tr>
<tr><td>应急能力评估</td><td>通信</td></tr>
<tr><td>应急预案的评审、发布与更新</td><td>生命安全</td></tr>
<tr><td>应急预案的实施</td><td>财产保护</td></tr>
<tr><td rowspan="8">应急预案的主要内容</td><td>总则</td><td>与外界的通信</td></tr>
<tr><td>基本情况</td><td>灾后恢复</td></tr>
<tr><td>环境风险评价</td><td>行政和后勤</td></tr>
<tr><td>组织机构和职责</td><td rowspan="5">具体的危险信息</td><td>火灾</td></tr>
<tr><td>预防和预警</td><td>危险材料事故</td></tr>
<tr><td>信息报告和通报</td><td>洪水和山洪暴发</td></tr>
<tr><td>应急响应和救援措施</td><td>飓风</td></tr>
<tr><td>应急监测</td><td>龙卷风</td></tr>
</table>

<table>
<tr><th colspan="2">中国应急预案编制指南的内容构成</th><th colspan="2">美国应急预案编制指南的内容构成</th></tr>
<tr><td rowspan="9">应急预案的主要内容</td><td>现场保护与现场洗消</td><td rowspan="3">具体的危险信息</td><td>严重的冬季风暴</td></tr>
<tr><td>应急终止</td><td>地震</td></tr>
<tr><td>应急终止后的行动</td><td>技术紧急情况</td></tr>
<tr><td>善后处置</td><td colspan="2" rowspan="6">信息来源</td></tr>
<tr><td>应急培训和演习</td></tr>
<tr><td>奖惩</td></tr>
<tr><td>保障措施</td></tr>
<tr><td>预案实施和生效时间</td></tr>
<tr><td>附件</td></tr>
</table>

5.3.1　国内突发性水污染事故的应急处理

（1）突发性水污染事故的应急处理小组组成应急处理小组可以分为指挥、行动、保障、宣传等部分，由 6 个应急行动小组组成。各个行动小组的职能如下所述。

① 应急指挥小组。应急指挥小组是整个应急行动的组织核心，由政府领导、政府职能部门或企业领导组成，可以分为应急指挥总部和事故现场应急指挥部。应急指挥小组主要负责协调事故应急处理期间各个应急部门的关系，统筹安排整个应急行动，合理分配任务和进行人员调度，高效、合理地利用一切可能的应急资源，尽可能在最短的时间内完成应急行动，保障人民的生命和财产安全。

② 应急专家小组。应急专家小组的职责是利用自身的专业知识和经验，对污染事故的危害和发展趋势进行分析预测，提出应急处置方案，为应急处置提供技术咨询和指导。

③ 应急监测小组。应急监测小组由监测站和卫生防疫站的专业人员组成，负责对污染事故的应急监测，在《环境监测技术规范》和相关水质监测国家标准的基础上合理布置监测断面，利用小型、便携、简易、快速检测仪器，快速检测出污染物种类、污染程度和范围，为应急指挥小组和应急专家小组提供科学的决策依据。

④ 应急处置小组。在得到监测结果后，应急专家小组应在尽可能短的时间内制定出应急预案，由应急处置小组实施应急预案。应急处置小组要尽早控制污染源，防止污染快速扩散，对受污染水体采取应急处置措施，尽可能地降低污染物对人群健康和周边环境的危害程度。

⑤ 应急医疗小组。应急医疗小组负责对伤员进行紧急处理并及时送往医院，负责受污染水体周围地区的卫生防疫工作，防止因饮用受污染水体而造成流行性疾病

的传播。

⑥ 应急服务小组。应急服务小组的职责是：收集资料，提供应急行动所需要的一切信息，如水文、气象、通信等；负责应急处置的后勤工作，安排交通工具，运送急需应急物资等；负责一切与媒体报道、采访、新闻发布会等相关事务，保证事故报道的客观性和真实性，对企业、政府部门和大众负责，消除外界的猜疑，保障社会稳定。

（2）突发性水污染事故的应急处理程序

① 迅速报告。在接到发生突发性水污染事故的电话或通知后，值班人员需记录事故发生的时间、地点和情况等，并立即向政府、主管部门和有关单位报告。

② 快速出击。接到报告后，政府部门要协调环保、公安、水利、医疗等各方面的资源，组成应急小组，协同解决突发事故。环境监测部门要组织应急监测小组，准备监测设备，立即赶赴现场。

③ 现场控制。应急小组到达现场后，应进行现场控制和处理，尽可能减少污染物的产生，防止污染物扩散。

④ 现场调查。应急小组应分工合作，迅速展开现场调查。组织人员调查事故发生的时间、地点、原因等情况；应急监测小组快速布控，布点采样，在尽可能短的时间内判明污染物种类、性质、数量，已造成的污染范围、可能产生的危害等情况。

⑤ 污染警戒区域划定。根据污染物监测数据和现场调查结果，现场应急指挥小组划定污染警戒线。在污染警戒线内，禁止群众靠近和取水。

⑥ 应急处置。根据污染物监测数据和现场调查结果，应急专家小组制定出应急预案，确定应急处理方法。应急处置小组根据应急预案，采用应急处理方法及时控制污染源，开展事故处理。在受污染水域周围设置警示公告，禁止从受污染水域取用水。同时对污染物及时清除，防止对人畜的危害和对环境的进一步污染，直到水质达到国家标准。

⑦ 事故影响跟踪调查。事故处置结束后，要及时查明事故发生的原因和事故性质，评估事故的危害范围、危害程度和遭受的损失等。

⑧ 事故备案。事故处理结束后，要总结应急经验，改进应急管理系统，调整应急预案，更新相关数据。做出综合分析报告，提交上级部门领导审查。同时报告存档，为今后做准备。

目前，我国还没有一个综合全面的突发环境事件预警应急处理预案。如何应对突发性水资源污染事件，我国只有原则性要求，而没有做出详细规定，主要体现在：① 对突发性事故理论研究不够透彻，缺乏应对突发事件的技术支持（技术导则、设备等）。② 我国水资源存在“多龙管水”现象，同时，水资源的工程管理与水质管理、水量调度、城市供水管理等相互分离，以致突发性事件发生时，应急反应大大滞后，协调量过大。③ 缺乏对总体水资源状况（水质状况和工程安全的评估）及其应急能力的全面评估，特别是关于突发情况下的数据资料匮乏，从而导致应急保护信息不完整、决策信息不足。

5.3.2　美国突发性水污染事故的应急处理

1998 年，美国前总统克林顿签署了关于重要基础设施保护的总统令，其中确定水及水工程是受国家保护的重要基础资源，规定国家环保局和大城市水局联合会为水安全方面的领导机构，美国水工协会为提供技术支持的部门。随着“9·11”事件的发生，美国对水资源及其基础设施保护工作步伐大大加快。美国针对全国水源地的保护开展了大量工作，对水系统单元的脆弱性和各种相关因子进行了评价。后来公布的《反恐法》第五部分为用水保障和安全，主要对用水的保障和安全进行了规定，如对供水人口在 3 300 人以上的供水系统提出了 5 项新的保障要求：① 必须实施脆弱性评价；② 保证评价报告中数据的法律效力；③ 脆弱性报告必须提交给国家环保局；④ 根据脆弱性报告准备或者修改应急对策；⑤ 保证应急对策计划的数据准确。

美国的应急预案编制指南编写得较详细，各部分解释得较具体，明确了事故发生后各部门、各组织的责任，各部门应做什么，应如何去做都有详细的介绍，并具体到细节。编制应急预案的过程可按照应急预案编制指南中的具体指示，按步骤编写。

（1）私人组织响应。环境污染事故发生后，若政府应急响应组织不能及时赶到事故现场，私人响应组织的救援作用就会得到较大的发挥。及时对事故现场进行处理、救治伤病、抢救财产等可以较大地减少财产损失和人员伤亡。中国应急预案编制指南的内容未涉及私人响应组织的作用。美国的《中小型社区水系统应急预案编制指南》明确了当地私人响应组织（如化学品制造商、商业清理承包商等）在应急行动中可以提供帮助。

（2）疏散程序和避难场所。对疏散程序和疏散路线有足够的重视，可以保证在重大事故发生以后，按照预先安排的路线进行撤离，使事故对人身和财产安全的危害降低到最小。在中国的《环境污染事故应急预案编制技术指南》（征求意见稿）中，对疏散路线和避难场所仅描述了“可能受影响的区域单位、社区人员疏散的方式、方法、地点，可能受影响的区域企业、社区人员基本保护措施和防护方法等”，未对具体疏散路线，疏散过程中遇到的问题以及避难场所进行说明。美国的《商业和工业应急管理指南》详细介绍了疏散程序和疏散路线以及安置场所，用来安置疏散人员（表 5-2）。

表 5-2　美国应急预案疏散程序、路线

疏散、安置	具体要求
疏散程序	确定需要疏散的条件
	建立一个明确的指挥链。确定当局人员下令疏散。指派“疏散督导员”，在疏散过程中协助他人
	制订具体的疏散程序，考虑整个社区疏散对交通的需求
	制订帮助残疾人和不能讲英语的人的疏散程序
	公布疏散程序
	当疏散正在进行的时候，指定人员负责继续或停止疏散行动。他们必须有能力认识到什么时候需要放弃工作，使自己安全撤离
	和地方应急管理办公室做好协调工作
疏散路线	确保疏散路线的宽度足以容纳大量的撤离人员
	确保疏散路线时时刻刻畅通无阻
	不能使疏散人员暴露于其他危害中
	由其他组织的人员来评估疏散路线
安置场所	考虑安置场所的条件
	确定企业和社区安置场所的位置，建立一个护送疏散人员到安置场所的程序
	确定提供应急疏散所需要的供应，如水、食物和药品
	制定合适的安置场所管理人员
	和当地机构做好协调

5.3.3　家庭通信系统

家庭通信系统是指在环境污染事故发生后，企业内部人员和家庭成员之间的联系。中国的应急预案编制指南中没有家庭通信系统的内容，未包括紧急事件中员工和家人的联系。在美国的《商业和工业应急管理指南》中提到，突发环境污染事故中，职员需要知道家庭成员是否安全，照顾家属优先，在应急预案中有和家属联系的方法，并且鼓励职员和家人联系，以便得知事故中家人是否失散及是否受到伤害。

《商业和工业应急管理指南》有以下措施：① 紧急情况下，安排联系外地的所有家庭成员。② 紧急情况下职员不能返家，则安排和家人见面的场所。这一举措可以较大地激励企事业单位内部的工作人员，没有了后顾之忧，员工会更尽心尽力做好救灾工作，更有利于灾后救援和救治。

5.3.4　信息公开

一个有效的公众和媒体沟通计划是应急预案的一个关键要素。我国《环境污染事故应急预案编制技术指南》（征求意见稿）没有涉及信息公开，未说明在环境污染事故发生后对公众和媒体公布信息。美国的应急预案编制指南在沟通程序这部分，重点提到了信息对外公开，对公众和媒体的公开。新闻办公室是指挥系统的一部分，负责和媒体接触，且向公众发布信息，负责应急计划的整体资讯战略。美国的《污水系统应急预案编制指南》要求污水处理公司对新闻办公室发言人进行特殊的培训，其中包括新闻媒体和客户关系的培训以及广播培训，为在电视和电台发布信息做好准备。由表 5-3 可看出，美国的指挥系统和各媒体的沟通联络较为详细具体，在事故发生后能有效地把信息传播给公众。

表 5-3　美国应急预案新闻媒体联络

媒体的种类	联系信息
当地报纸的名称	联系人
	办公室电话
	移动电话
	呼叫号码
当地电视台的名称	联系人
	办公室电话
	移动电话
	呼叫号码
当地广播电台的名称	联系人
	办公室电话
	移动电话
	呼叫号码

5.4 其他国家突发性水污染事故的应急处理

德国的应急处理工作，主要是依靠内务部及所属的技术救援协会、消防紧急救援中心以及德国 ADAC（德国汽车俱乐部）和一些民间组织及私人公司来完成，其中包括一些从人道主义角度进行救助和救灾活动的协会和组织，如红十字会、教会机构、德国沙玛丽工作协会、水上救援协会以及工会组织等。

日本的防灾系统，可以分为中央和地方两套互相配合的管理制度和应急机制。日本国会在 1961 年就制定了《灾害对策基本法》，并于 1995 年进行了修改，其主要内容包括：各个行政部门的救灾责任、救灾体制、救灾计划、灾害预防、灾害应急对策、灾后恢复重建、财政金融措施、灾害应急状态等。这种严密的法律，再加上对于各个条款都制订有具体的行动计划，同时还有其他一些领域的专门性的法律相配套，因而形成了比较全面的应急管理法规体系。在 1961 年就设置了“中央救灾委员会”作为全国综合协调机构。其下设有 24 个中央的省（即我国的“部”）和厅作为“指定行政机关”以具体安排救灾事务、60 个包括日本银行和日本电信电话公司以及运输与电力等重要的公司或事业单位为救灾的（指定公共机关）以具体安排和贯彻救灾行动计划。

俄罗斯于 1994 年设立联邦紧急事务部，负责整个联邦自然和人为灾害应急救援，工作成果直接对总统负责。联邦紧急事务部主要设有人口与领土保护司、灾难预防司、部队司、国际合作司、放射物及其他灾害救助司、科学与技术管理司等部门，同时下设俄罗斯联邦森林灭火机构委员会、俄罗斯联邦抗洪救灾委员会、海洋及河流盆地水下救灾协调委员会、俄罗斯联邦营救执照管理委员会等机构。在俄联邦范围内，以中心城市为依托，联邦紧急事务部下设 9 个区域性中心，负责 89 个州的救灾活动。每个区域和州设有指挥控制中心。司令部往往设在有化学工厂的城镇，下辖中央搜索 80 个分队，分队约由 200 名队员组成。

5.5 国内水环境污染事故应急响应过程存在问题及建议

5.5.1 存在问题

（1）应急响应预案编制指南较为笼统，很多方面缺少详细说明和具体指导。

（2）对疏散路线和安置场所不够重视，没有具体的疏散路线和应急安置场所，事故发生后不能指导工作人员及时有效地把公众疏散到安全的地方。

（3）没有私人响应组织的参与，民间私人组织的作用没有得到发挥。

5.5.2　建议

（1）应急响应预案编制要详细具体，编制应急预案的步骤、预案的内容、具体包括哪些方面等都应有详细的说明，力求对应急预案的指导落实到每项具体内容。

（2）突发环境污染事故发生后，若救援不能缓解对人身安全的威胁，必须实施疏散，熟悉疏散路线或安排好相应路线及人员安置场所，可减轻突发事件对人身安全和环境造成的危害。应急预案中，应重视疏散路线和安置场所，力争把危害降到最低限度。

（3）由于国内公众对环境污染事故关注程度不够，一旦发生事故，仅是政府部门和发生事故单位参与到应急行动中，公众和私人组织未发挥作用。如果公众和私人组织参与其中，应急行动可取得更好的效果，建议将私人响应组织列入应急响应系统相关内容中。

（4）需加强信息对社会和媒体的公开，事故发生后，使事故处理过程透明化，以减少公众不必要的恐慌。

5.6　结　语

（1）分析比较了中国和美国环境污染事故监测与应急响应过程。

（2）对比中美水环境污染事故应急响应过程。美国环境污染应急响应比较全面，涵盖了事故前、事故中和事故后的应急响应程序等关键部分，对各种突发事故的介绍比较详细具体，应急响应方面的内容比较详细，对应急培训和演习比较重视。对事故发生后的应急救援和应急处置起着较为重要的指导作用。我国需要加强技术支撑系统的信息化建设，为及时了解和掌控危急应急进程提供技术保障。

（3）与美国相比，中国对应急预案编制指南的关注程度还不够，环境污染事故应急预案编制指南尚缺乏应急疏散程序、应急安置场所、信息公开等方面的内容。需在现有的基础上进一步加强对应急预案的研究，不断补充国内应急预案编制指南，使其内容更完整。

（4）提高公众的灾害意识，动员民间力量参与应急事件的处置工作，确保将环境污染突发事件造成的损失降至最低限度。

参考文献

[1] 张旺，万军. 国际河流重大突发性水污染事故处理——莱茵河、多瑙河水污染事故处理[J]. 北京：水利发展研究，2006.3.

[2] 杨爱玲，朱颜明. 城市地表饮用水水源保护研究进展[J]. 地理科学，2000，20（1）：72-77.

[3] 石秋池. 从美国“9·11”之后为保护饮用水水源地所做的工作看我国饮用水水源地应急保护中的问题[J]. 水资源保护，2003（5）：50-52.

[4] Anonymous.Drinking-water security [J]. Journal of Environmental Health，2003，66（2）：41.

[5] Richard W G，Leah J G，Christopher S C. Developing regional early warning systems for US source waters [J]. AWWA，2004，96（6）：68-84.

[6] Gyorgy G.The danube accident emergency warning system[J]. Wat Sci Tech，1999，40（10）：27-33.

[7] 李慧，赵艳博士，林逢春. 中美环境污染事故应急预案编制指南比较研究[J]. 中国安全科学学报，2009，19（9）.

[8] 徐民英. 环境应急管理的国际经验及其启示[J]. 商业现代化，2006，7.

第6章
流域水环境污染环境事故的应急措施与污染减缓和恢复流程

摘要：近年来，我国城市水源地突发性污染事件日益增加。如何保护水源地生态环境安全和城市供水系统安全，以及如何快速有效地处理突发性水污染事故已成为急需解决的问题。从突发性水污染事故应急处置的具体方法展开研究，并从解决污染事故应急筹备的一般程序入手，详细论述了突发性水污染事故应急筹备的具体措施和方法。

关键词：流域水环境污染　应急措施　水污染减缓和恢复

近年来，从淮河到沱江，再到松花江，重大环境污染事故在我国不断发生，给人民生活与工农业生产带来巨大损失。究竟是什么原因导致如此频发的重大环境污染事故。频发的重大环境污染事故不是天灾，而是人祸，是地方政府对环保意识淡薄，以牺牲环境为代价，片面追求经济效益的必然结果。我们国家的很多地方政府对环保与重大环境污染事故重视不足，重大环境风险源排查工作不到位，一旦出现突发环境事故，造成措手不及。即使出现过重大环境污染事故的地方，也不能认真总结经验、吸取教训，环境应急预案得不到落实，结果重蹈覆辙，再次发生重大环境污染事故。

越来越多的水污染事件的发生，严重威胁到城市供水系统的安全。因此如何保护水源地生态环境安全和城市供水安全，以及如何快速、有效地处理突发性水污染事故已成为急需解决的问题。造成突发性水污染事故的原因很多，大致包括工业废水排放、负压虹吸、有毒物质泄漏、二次供水过程中引起的污染，自然因素如水灾、地震、干旱引起的污染等。这些原因中有的直接对水体造成污染，而更多的则是通过间接的方式污染水体，如通过地表径流、污染物沉降等污染地表水和地下水源。此外，污染物随着水体的流动，可能对不同地区造成不同程度的危害，而这些危害在不同地区的持续时间也各不相同。

随着工农业生产和经济建设的快速发展，环境污染事故尤其是重大的水环境污染突发事故在频率和危害程度上有增加的趋势。水环境污染事故直接危及人民的生产生活和饮用水安全，加强水环境污染监测，应建立环境污染的应急响应机制，完善应急响应程序。

6.1 突发性水污染事故的危害

综观国内外发生的突发性水污染事故，都给事故区域带来了巨大的危害，主要表现在以下几个方面。

6.1.1 威胁生命与健康

突发性水污染事故的重大危害之一是威胁人们的生命和身体健康，特别是有毒物质污染事故，不仅直接造成事故现场的人员伤害，而且还可能对未直接暴露在事故现场的人们健康造成严重影响。水体被污染后，通过饮水或食物链，污染物进入人体，使人急性或慢性中毒。

6.1.2 对工农业生产的危害

突发性水污染事故发生后，水体被严重污染而达不到工、农业生产的水质要求。工业用水必须投入更多的处理费用，造成资源、能源的浪费，食品工业用水要求更为严格，水质不合格，会使生产停顿；由于引用污染水源来灌溉，或是污染物直接侵入农田，以致农作物受损害，土质变劣而导致农地废耕，毒物累积，农作物品质低劣及水利设施耗损，增加维护管理费用等。

6.1.3 造成重大经济损失

突发性水污染事故所造成的经济和财产损失是显而易见的。突发性水污染事故不仅造成巨大的直接经济损失，而且还要花费相当可观的投资来整治和恢复生态环境。

6.1.4 严重破坏生态环境

重大的突发性水污染事故，对生态环境的破坏强度很大，往往造成一定区域的生态失衡，有的甚至造成长期的危害，致使生态环境难以恢复。

6.1.5　带来污染纠纷，造成社会动荡

突发性污染事故发生后，对污染影响区的居民造成巨大的心理压力，影响正常生活和生产；事故造成的经济损失与人员伤亡，可能引起污染纠纷，造成各种混乱，危害社会治安；对引起大量人被迫迁移的重大事故，会带来相关的社会问题；某些水污染会引发地区间，甚至国际间的污染纠纷。

6.2　我国水污染应急响应存在的问题及应急原则

6.2.1　我国环境污染事故应急管理机制现状

我国应急管理机制起步较晚，2002 年 5 月广西壮族自治区南宁市应急联动系统正式运行，成为我国最早的城市应急管理体系。2001 年上海市启动《上海市灾害事故紧急处置总体预案》编制工作，经过两年努力，编制完成，这是省级政府中最早编制应对灾害事故的预案。2005 年 1 月，温家宝总理主持召开国务院常务会议，原则通过《国家突发公共事件总体应急预案》和 25 件专项预案、80 件部门预案，共计 106 件。

2005 年 7 月 22—23 日国务院召开全国应急管理工作会议，标志着中国应急管理纳入了经常化、制度化、法制化的工作轨道。2006 年 1 月 8 日国务院发布《国家突发公共事件总体应急预案》，总体预案是全国应急预案体系的总纲。2006 年 3 月 8 日国务院针对突发性环境事故颁布了《国家突发环境事件应急预案》，明确了各类突发环境事件分级分类和预案框架体系，规定了国务院应对特别重大突发环境事件的组织体系、工作机制等内容，是指导预防和处置各类突发环境事件的规范性文件。国务院各有关部门已编制了国家专项预案和部门预案；全国各省、自治区、直辖市的省级突发公共事件总体应急预案均已编制完成；各地还结合实际编制了专项应急预案和保障预案；许多市（地）、县（市）以及企事业单位也制订了应急预案。至此我国应急预案框架体系初步形成。

6.2.2　我国环境污染事故应急体系存在的不足

我国坏境污染突发事件应急管理虽然取得了长足发展，但由于起步晚，与发达

国家相比还有一定差距，主要存在以下不足。

（1）整体的环境应急机制缺乏法律依据。虽然，环境突发性公共危机事件属于非常规决策和非程序性问题，政府具有许多即时性和便利性的权力，但是现代民主和法治国家的一个基本要求是，国家应当以法律的形式来规范整个环境应急机制，特别是当政府在行使涉及应急资源的配置和征用，对有关组织或个人的奖惩等的强制性权力时，更应当有行为法上的依据。而且可以得到更多民众的支持，也可能增加政府紧急处置的效力。世界上紧急状态法比较发达的国家，如英、美、法等国，都是通过统一的《紧急状态法》来规范政府的应急性权力。

尽管我国有各种以单项为主和以单个部门为主的应急管理法律法规，但缺乏统一的和综合的应急管理法律体系。在我国处理污染事件过程中，它们启动环境应急机制的依据并不是国家的法律或法规，而是环境保护的专项应急预案。目前，我国尚未出台统一的突发性公共事件与紧急状态处置法，调整包括环境领域在内的各类突发性公共事件的法律和法规也存在不同程度的缺陷。

（2）水污染事故信息渠道不通畅。应急信息是影响突发性事件防治成效的关键性因素，这是因为政府在突发性事件情景下的决策是以客观、真实、及时和充分的应急信息为前提的。如果应急信息不充分和不真实，那么政府选择的行动方案将无从谈起，就会浪费许多资源和时间。同时，应急信息的充分和真实也是公众实现知情权，进行自我救助的基础。但是，在处理环境污染事件中，我国普遍存在早期的应急信息通报速度不仅迟缓，重要信息的通报量明显不足，而且还存在隐瞒的情况，给相关政府部门的决策造成偏差，也侵害了公众的知情权，并在一定程度上造成了社会的混乱。

例如在 2005 年松花江污染事件就是存在应急信息通报不及时、不充分，导致错过了将此次污染事故控制在萌芽状态的机会。

（3）应急储备不充足。应急储备主要包括应对突发性公共事件所需要的人力资源和物质资源，如具备专业知识的应急救援队伍、各类应急物资（水、电、石油、煤、天然气等）、应急设施（防灾抢险装备、检测仪器等）和专项应急资金。在处置各类突发性公共事件中，应急储备是否充足，能够影响应急处置的进程和效果。由于突发性公共事件的发生和发展具有许多不确定因素，因此所需要的人力资源和物质资源总量也具有不确定性，但是对于应急储备制度健全的国家而言，往往在平时就注重应急资源的储备，如应急监测等，并以法律的形式加以保障。然而，在处理松花江污染事件中，可以看出我国政府的应急储备并不充足，从而降低了处置实效。

这主要体现为：第一，能够除去苯类等有害物质的活性炭纤维毡等过滤器材严重不足。当污染带在 11 月 22 日到达哈尔滨市时，该市的环境保护部门制定了具体净化方案，共需要 1 400 t 活性炭，可该市总共只有 700 t 活性炭，缺口 700 t，而缺口在 25 日晚才填补上。第二，哈尔滨饮用水水资源储备明显不足。当哈尔滨政府在 11 月 21 日宣布该市将停水 4 天的公告后，哈尔滨市人们就出现了抢购饮用水的风潮，同时商贩哄抬物价。到了 11 月 24 日，也就是该市停水的第二天，该市部分地区供暖用水出现紧张局面。该市政府除了向其他省份求援外，还不得不投入巨资打井取水。第三，各类应急机构和人员处于超负荷运转状态。虽然黑龙江省的环境应急预案详细规定了指挥体系和力量配置，但由于此次污染带移动时间和流经区域的延长，因而对水环境和大气环境进行监测所需要的技术设备和人员力量就大幅度提高，各类应急机构和人员只能处于长时间工作状态。

（4）缺少科学有效的应急监测。应急监测是整个环境突发性事件处置的首要环节，其目的是有效地预防和避免环境突发性事件的发生或发展。环境突发性事件的发生前以及升级后不同阶段的预防比单纯解决事件本身显得更为重要。因为，如果能够在环境突发性事件没有发生之前，或者处于较低程度的发展状态时，就及时将产生的根源消除，不仅能够保障有序的社会关系，也可以节约大量的人力和物力。

然而，我国政府在处理松花江污染事件时，早期的预警监测机制存在严重错误，从而错过了防治的最佳时机。2005 年 11 月 15 日，《哈尔滨日报》上就刊登一篇题为《吉林石化大火扑灭未造成松花江水质污染》的文章。文章指出，经吉林市环保部门连续监察，整个爆炸现场及周边空气质量合格，松花江水体也未发生变化，水质未受影响。然而，这一结论在 11 月 23 日就被原国家环境保护总局推翻了，环保总局将此次污染事件定性为“重大环境污染事件”。就在同一天，黑龙江省环境保护科学研究院经过鉴定得出了松花江水受到污染的直接原因是消防人员用水冲洗爆炸现场时，制造苯原料的硝基苯与其他有机物一起被冲刷出来，并被当成污水排放，流入松花江。当 2005 年 11 月 13 日吉林石化设备爆炸时，如果我们的环境保护应急专业人员能够对爆炸现场的污染物进行科学的检测，并阻止污染物流入松花江，那么就能够在源头上消除此次污染事件。

（5）事故应急组织间协调性较差。我国在系统组织机构方面，水利系统内部尚未建立专门的水污染应急管理机构，目前主要依靠流域管理机构和各省级水行政主管部门及水环境监测系统。在发生突发性水污染事件时，不能形成明确统一的组织形式，事故的调查处理则涉及水利、环保、交通、公安、城建、通信等多个部门。各部门缺乏有效的沟通和协调，使得处理应急事件的力量分散，功能难以发挥。虽然这些以单项预警应急管理为主的各个部门力量很强，但是缺少一个国家级或地区级具有相当管理力度的紧急事务管理机构，在客观上造成了对每年度或者更远的时间内可能产生的各种危机事件缺乏宏观性的总体规划，对一些明显可能成为危机事件的问题缺少事先详细的预警分析，导致政府对危机事件的处理往往是被动反应模式；而且各个部门相互之间的制约和责任不明确，导致意见存在很大分歧，由于缺乏统一的领导，并没有很好地将所有的资源充分利用。因此我国应建立国家级或区域级综合协调的环境事故应急组织核心部门，加强危机应对的协调合作机制。

6.2.3 突发性水污染事件的应急响应原则

《国家突发环境事件应急预案》确定了突发环境事件的应急原则为："坚持以人为本，预防为主；坚持统一领导，分类管理，属地为主，分级响应；坚持平战结合，专兼结合，充分利用现有资源。"而针对突发环境事件中的水污染事故，在流域范围内，我们确定其应急原则为：坚持以人为本，预防为主；以整个流域为控制对象，集中指挥，全流域各部门、团体积极参与；快速响应和流域协同控制；及时的信息反馈与信息公开。

突发性水污染事故应急救援的基本任务包括以下几个方面：① 若有人员伤亡，立即组织救护受伤人员；立即进行污染源排查，找出其确切位置，并尽可能控制污染源的进一步扩散，为应急救援赢得时间。② 迅速组织应急监测队伍检验、监测，测定事故的危险区域、污染物性质和危害程度。③ 迅速组织应急专业技术人员和救援队伍，及时控制污染源，防止事故的继续扩展，特别是向城市生活用水取水口等重要保护目标扩展，立即开展事故处理。④ 发布污染事故信息，受污染水域周围设置警示公告，禁止从受污染水域取用水。及时组织人员对污染物予以处理清除，消除危害，防止对人畜的危害和对环境进一步污染，直至水质满足国家相关标准。⑤ 查明事故原因，评估危害程度。事故发生后应及时调查事故发生的原因和事故性质，评估事故的危害范围、危害程度和遭受的损失。

6.3　水污染事故的分类与特点

6.3.1　水污染事故的分类

（1）水污染物的分类。通常认为水体因人类活动使某种物质的介入而导致其化学、物理、生物或者放射性等方面特性的改变，从而影响水的有效利用，危害人体健康，或者破坏生态环境，造成水质恶化的现象就是水污染。可见造成水污染事故的污染源，按照属性可分为物理性污染源、化学性污染源和生物性污染源（表 6-1）。

表 6-1　主要污染物分类

类型			主要污染物
化学性污染物	无机无毒物	微量元素	Fe、Cu、Zn、Ni、V、Co、Se、B、I 等
		酸、碱、盐污染物	HCl、SO^{2-}、HS^{-}、酸雨等
		硬度	Ca^{2+}、Mg^{2+}
	需氧有机物（有机无毒物）		碳水化合物、蛋白质、油质、氨基酸、木质素等
	有毒物质	重金属	Hg、Cr、Cd、Pb、As 等
		非金属	F、CN^{-}、NO^{2-}
		有机物	酚、苯、醛、有机磷农药、有机氯农药、多氯联苯、多环芳烃、芳香烃等
	油类污染物		石油等
生物性污染物	营养性污染物		有机氯、有机磷化合物、NO_3^{-}、PO_4^{3+}、NH_4^{+}等
	病原微生物		细菌、病毒、病虫卵、寄生虫、原生动物、藻类等
物理性污染物	固体污染物		溶解性固体、肢体、悬浮物、尘土、漂浮物等
	感官性污染物		H_2S、NH_3、胺、硫、醇、染料、色素、肉眼可见物、泡沫等
	热污染		工业热水等
	放射性污染		^{238}U、^{232}Th、^{226}Ra、^{90}Sr、^{137}Cs、^{289}Pu 等

（2）水污染事故分类。水污染事故按照污染物的性质可以分为：① 剧毒农药和有毒有害化学物质泄漏事故；② 溢油事故；③ 非正常大量排放废水事故；④ 放射性污染事故。

按照事故发生的水域可分为河流污染、湖泊污染、水库污染、河口污染、海洋污染等事故；按发生的范围可分为整个水域和局部水域污染事故。

按照事故发生的状态可以分为渐变性事故和突发性事故。渐变性事故是经过较长时间的潜伏和演化，经过时空积累效应才体现出来。突发性事故是没有任何前兆的情况下发生的污染事故。

6.3.2 突发性水污染事故的特点

突发性水污染事故主要是由水、陆交通事故，企业排放和管道泄漏等造成的，其特点表现为突发性、扩散性、长期性和危害性、不确定性（① 发生时间和地点的不确定性② 事故水域性质的不确定性③ 污染源的不确定性④ 危害的不确定性）、流域性、影响的长期性和处理的艰巨性、应急主体不明确。

6.4 制订应急措施

突发性水污染事故的应急程序如图 6-1 所示。

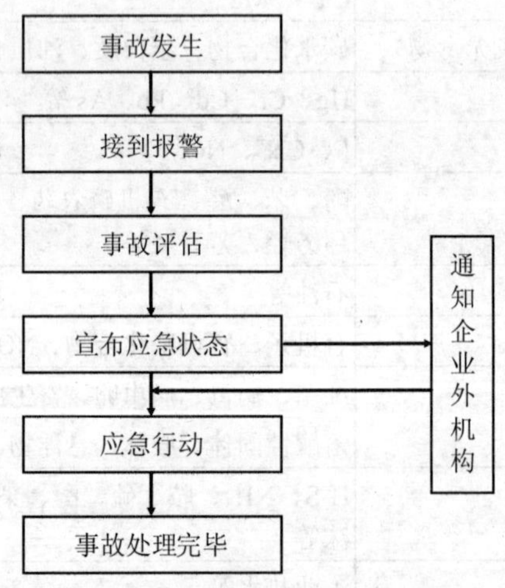

图 6-1 突发性事故应急程序

6.4.1 事故报警

事故报警的途径有两种：人员报警和监测报警。

（1）人员报警。人员报警是指事故当事人、目击者直接报警或其他机构通告，接报人员应该注意以下事项：① 问清报告人姓名、单位、住址和联系电话；② 问明发现污染事故的时间、地点、污染物质、事故原因、事故性质、污染波及范围和程度等，同时做好记录；③ 请求报警人密切配合，留守现场直到指派人员到场。

（2）监测报警。为了能够及时全面地掌握全国主要流域重点断面水体的水质状况，预警或预报重大（流域性）水质污染事故，对水质进行实时连续监测和远程监控，原国家环保总局共建设了 82 个水质自动监测站。

水质自动监测装置发出报警信号后，接收信号的人员应该注意以下事项：① 确认报警信号并非由于机械故障而发出的；② 立即报告当班负责人，并实施跟踪监测；③ 及时保存原始记录，进行数据初步分析。

不管是哪种方式报警，当班负责人接到报告后应立即派员到现场确认，并组织人员排查污染源头，调查分析污染范围和程度，并向上级报告。

6.4.2　事故评估

根据对报警人的描述或警报的判断，对该次污染事故的污染范围和程度做出评估。首先需要对污染事故进行现场确认，根据现场确认反馈情况，按照程序进行事故评估。

事后评估是污染事件发生后，对受污染的水体设置监测断面，了解水体中污染物的运移转化情况并评价水体受污染的程度，以尽快确定造成水质污染的物质。

（1）监测方法。污染物的监测方法应尽量按照我国行业标准《水环境监测规范》的内容操作，紧急情况下可采用快速检测方法（精确性符合监测要求）替代常规检测。取样时应注意：① 对于地表水，应在事发地点及下游方向取样；② 对于地下水，则应该在取水井周围含水层水位的梯度方向取样；③ 在城市自来水厂的取水口和出水口需进行取样分析。取样后应检测污染物质是否存在，并做好记录作为以后检测的参考。

（2）样品的运输和保存。样品的运输和保存应按《水环境监测规范》中的规定执行。水样采集后应选择适当的运输方式并尽快送至监测中心实验室。为避免引起水样中某些物理、化学参数的变化，应根据不同监测项目的要求采取适宜的保存措施。水样的储存方法主要有冷藏和冷冻法及加入化学试剂保存法等，具体情况应参照我国水质采样建议的方法。对于测定水样中的某些组分还应在采样后对水样进行过滤或离心分离，以获得待测组分样品。

表 6-2 未知污染物种类时水污染事故的应急监测检测方法

应急监测技术	红外光谱检测法	气相色谱法	气象色谱—质谱连用技术
应急监测仪器	便携式傅里叶红外检测仪	快速气体分析仪	便携式色质联用仪
定性能力	300 种物质标准谱图库	380 多种化合物图库	数千种物质标准图库
定量能力	50 种物质 10^{-6} 级以上浓度定量	10^{-9} 级以上浓度定量	只要有标样，基本都可定量
样品状态	只能分析气体样品	可快速分析气体、液体及固体样品	通常用来分析气体样品，分析液体时操作复杂

表 6-3 对于常见的水污染事件的应急监测技术

污染物类型	应急监测技术
有毒物质	1. 试纸法；2. 水质速测管法-显色反应型；3. 气体速测管法—填充管型；4. 化学测试组件法；5. 便携式分析仪测定法
易燃易爆物质	1. 嗅觉法；2. 目视法；3. 快速检测管分析技术，如直读式测定 NO_2 总含量检测管，高/低检测限直读式 SO_2 检测管，直读式苯检测管等；4. 便携式仪器法，如带 ECD 检测器的气相色谱仪
石油类	现场分析用红外分光测油仪；如无条件在现场完成，可采回水样尽快在实验室分析，采用方法：1. 气相色谱法（GC）；2. GC-MS；3. 傅里叶红外分析法(FTIR)；4. 元素分析法（S，Ni，Ⅵ）；5. 紫外法（uv-vis）
农药	1. 便携式气相色谱仪；2. 快速检测管；3. 实验室分析法：比色法、紫外光普法、气相色谱法、高效液相色谱法、气相色谱—质谱联用技术
腐蚀性污染物质	1. pH 试纸法；2. 便携式 pH 计法；3. 酸碱滴定法；4. 玻璃电极法

根据检测结果，对已经发生的突发事件进行现场及实验室检测确认，根据以下程序进行事故的评估，确定事件的等级，并第一时间上报上级部门。

① 若污染事故发生地点与水体有一定的距离，或者污染事故发生在水库岸边，但污染物质尚未进入水体或仅小部分进入水体且危害程度不大，可由当班负责人做出评估，同时报告上一级。

② 若污染物质已经部分进入水体或整体进入水体，且危害程度较大，当班负责人应立即通知上级主管领导，召集事故评估小组，可借助污染物扩散软件，对污染事故做出判断。

③ 若污染物质是极剧毒物质，数量较大且已经进入水体并扩散，当班负责人应立即通知上级领导和政府主管部门，共同召集事故评估小组，借助污染物扩散软件，对污染事故做出判断。事故评估的结果就是确定污染事故的应急级别为预警、

现场应急和流域应急。

目前在环境污染事故监测中还没有一种方法成为国家或者行业标准分析方法，对于这些方法的使用条件也没有相应的规范进行规定和限制，各应急监测任务承担单位往往是从“快速报出监测结果”的角度考虑，根据已有的仪器设备条件来选择监测分析方法。这样能更快地采取措施，控制住污染源头，同时保证事故周边人民的生命、财产安全。但对有些事故特别是重大事故来说，事故的影响范围大，参加应急监测的部门和单位较多，这就有可能出现不同监测单位使用不同监测分析方法出具数据相差较大的现象。这会给决策部门以及民众造成一定的困惑和误解。同时也影响了环境监测部门出具数据的可信性和权威性。因而针对水污染事故，应建立一个流域级应急监测组织，使得整个流域水污染事故应急监测技术统一化。

6.4.3　应急状态宣布

由应急总指挥宣布进入相应的应急状态，根据不同的应急状态执行不同的应急预案，通知所有应急小组和个人进入应急状态，并要求立即赶赴指定地点待命，与此同时集结应急物资、设备。

水处理专家和应急工作人员应按照应急管理流程展开工作，尤其要把握好危险评价工作。对确实影响供水安全的污染事故应立即启动应急预案，对用水户和下游用水单位发出警告，积极采取措施处理水中的污染物。自来水厂应根据污染物的浓度和自身的处理能力决定是否关闭取水口。

6.4.4　应急行动

在宣布进入应急状态后，应立即展开应急行动。应急救援行动是一个系统工程，由 9 个应急行动小组组成。

① 应急指挥部：整个应急行动的组织核心，由政府领导或企业领导指挥，负责协调事故应急期间各个应急组织与机构间的行动和关系，统筹安排整个应急行动，避免因行动紊乱而造成不必要的损失；负责组建应急专家小组，负责宣布应急行动的开始、变更、终止。

② 事故现场应急指挥部：负责污染事故现场的应急指挥工作，合理进行应急任务分配和人员调度，有效利用一切可能的应急资源，保证在最短的时间内完成现场的应急行动。由于突发性水污染事故的应急战线可能很长，需要上下游协调指挥，因此必要时可设立多个现场指挥点。指挥工作可由政府主要领导、政府职能部门或

企业的主要领导来承担。

③ 应急专家小组：在污染事故应急救援行动中，专家小组成员应利用自身的专业知识和经验，对污染事故的危害和事故发展趋势进行分析预测，为应急救援的决策提供及时、科学、合理的救援决策依据，提出救援方案，并为应急救援专业队提供技术咨询和指导。另外专家小组应协助应急救援人员的日常培训和咨询工作，协助事故的调查工作，协助企业的事故评估。

④ 应急监测小组：由水质监测和卫生防疫部门的专业人员组成，负责对污染事故的应急监测，在《环境监测技术规范》和相关水质监测国家标准的基础上，简化程序，针对特定污染物进行，合理布置断面，利用小型、便携、简易、快速检测仪器，快速检测出污染物种类、污染程度和范围，及时提供给应急指挥机构和应急救援专业队，同时可利用水质自动监测站监控。

⑤ 应急救援专业队：在应急救援行动中，各应急专业队伍应在做好自身防护的基础上快速实施应急救援。水污染事故一般跟化学用品或油类有关，应尽早控制污染源，防止污染快速扩散，根据应急监测小组的监测结果，估计受污染区域，对受污染水体采取减缓措施，降低对人群健康和环境的危害程度。

⑥ 应急医疗救护小组：事故发生后应尽快赶到现场，设立现场医疗救援点，对伤员进行紧急处理并及时送往医院；还要负责污染水体周边地区的卫生防疫工作，特别需要密切注意非集中供水的居民和单位用水卫生，并为应急指挥中心提供医学咨询。

⑦ 应急后勤小组：负责应急救援的后勤工作，保证医疗卫生用品和应急人员日常必需用品的供应，负责联系安排交通工具，运送一切急需的应急物资。

⑧ 新闻宣传小组：负责与新闻媒体接触，处理一切与媒体报道、采访、新闻发布会等相关事务，保持对外联系消除外界的猜疑，保证事故报道的客观性和可信性，对企业、政府部门和公众负责，为应急救援工作营造一个良好的社会环境。

⑨ 信息保障小组：负责为应急救援提供一切必需的信息，如水文、气象、通讯录等，利用现代的计算机技术、网络技术、自动测报技术和卫星通信技术，实现资源共享，为应急救援工作提供方便快捷准确的信息。

污染事件发生后，随着污染物的运移转化，可能对自来水厂的取水造成严重影响。如果发现毒性很大且很难处理的污染物已经进入自来水厂的处理设施，则应立即关闭取水口或地下取水井。如果有毒污染物的浓度在自来水厂可以处理的能力范围内，可采取有限制的取水方案，并保证处理后的水质安全。如果污染事件发生在上游取水口，应允许适当延迟关闭取水口的时间，并在这段时间内加强水质监测，了解污染物的稀释推移情况，同时做好污染物的示踪工作，警告下游取水口做好应急准备。

在对流域内的污染隐患建立数据库的基础上，可通过在污染河流设置监测断面并应用地理信息系统迅速确定污染事故的源头，立即责令其关停。用水缺乏时应首先保证生活用水需要。其次满足生产用水需要；建议关停某些用水量大的工厂或服务性行业；公众应时刻牢固树立节水观念，建议使用移动厕所，就餐建议使用纸质饭盒。在自来水厂关闭时，城市应急部门应组织人员向群众分发煮沸的洁净水或灌装水，做好联络协调灌装水服务供应商的工作。

6.4.5　恢复/重新进入

应急行动结束后，应对现场和下游区域进行详细的水质检测，确认污染事故得到有效控制并且不会造成危害，并启动事故后的恢复/重新进入程序。① 解除应急警报，对现场进行清理，解除现场封锁，恢复社会秩序；② 安排对污染水体的水质监测，特别是水源地或取水口附近的监测，确保污染事故没有留下任何隐患；③ 解散各应急行动小组，让企业外的应急人员回到原来的工作岗位；④ 解散应急指挥部，及时整理文件资料，注意保留底稿和第一手的记录；⑤ 恢复受影响单位正常运作，统计受损失情况并上报；⑥ 进行事故调查，总结应急经验，评估应急反应，并内部讨论和调整应急预案，最终形成报告存档。

6.5　污染减缓和恢复流程

水污染事故发生后，污染物会随着水流、空气的运动扩散到河流下游或城市下风向地区，同时污染物也会随时间的推移转化成其他物质，因此对污染区域的治理十分困难。一般情况下，可以充分利用受纳水体的自净容量，使污染物在运移中逐步稀释，从而依靠水体自净能力使污染物得到处理。然而，水体的自净能力是有限的，如何建立合理的水体自净容量评价方法也是迫切需要解决的问题。面对有些突发性污染，单一依靠水体的稀释收效很慢，需要采用人工投加化学药剂或人工治理的方法降低污染的危害程度和范围。总的操作方法应为：对可吸附有机污染物采用活性炭吸附技术；对金属盐类污染物采用化学沉淀技术；对可氧化污染物采用化学氧化技术；对微生物污染采用强化消毒技术；对藻类暴发采用强化混凝与气浮相结合的过滤处理技术。

水污染事故发生后，污染治理和减缓程序如下：应急人员先赶到现场救护伤员，然后将可能移走的污染物质转移，最后对水中的污染物进行处理，常见的各类水污染事故应急处理方法见表 6-4。

表 6-4 常见各类水污染应急处理方法

污染物	来源	处理方法
油类	石油开采、炼制、储运、使用和加工过程	人工围堰、打捞；投加消油剂
镉	采矿、冶炼、电镀	弱碱性混凝处理
汞	贵金属冶炼、仪器仪表的制造、食盐电解、化工、农药、塑料等工业废水	化学沉淀法、活性炭吸附法
砷	砷和含砷金属矿的开采、冶炼；以砷化物为原料的生产	石灰软化法、沸石吸附
氰化物	冶金、化工、电镀、焦化、石油炼制、石油化工、染料、药品生产以及化纤等工业废水	投加漂白粉、次氯酸钠处理；自来水厂使用反渗透装置处理
氨氮	人和动物的排泄物；医药原料、燃料、石油化工工业等	向水体撒布黏土、沸石粉等物质，使黏土矿物的胶体粒子吸附、絮凝固定水体的氨氮
有机磷农药	农药生产	微生物的降解技术
苯	石油化工、染料、医药工业	少量泄漏时，投加粉末活性炭；大量泄漏时，构筑围堤，用粉末覆盖以降低蒸汽危害；喷雾状水冷却、稀释，用防爆泵转移至槽车或专用收集器内集中处理
硝基苯类	石油化工	用沙土、蛭石等材料吸附，大量泄漏时处理方法同苯
甲醛	石油化工	少量泄漏时，可用沙土等覆盖污染地面，向水体中投加粉末活性炭；大量泄漏时处理方法同苯
三氯甲烷	石油化工、消毒副产品	用沙土、蛭石等材料吸附，大量泄漏时处理方法同苯
甲苯	石油化工	少量泄漏时，投加粉末活性炭；大量泄漏时，构筑围堤，用粉末覆盖以降低蒸汽危害；喷雾状水冷却、稀释，用防爆泵转移至槽车或专用收集器内集中处理
氯苯/二氯	苯石油化工	少量泄漏时，可用沙土等覆盖污染地面，向水体中投加粉末活性炭；大量泄漏时处理方法同苯

污染物	来源	处理方法
二甲苯类	石油化工、焦化、杀虫剂、黏合剂、油漆的生产、医药工业	少量泄漏时，投加粉末活性炭；大量泄漏时，构筑围堤，用粉末覆盖以降低蒸汽危害；喷雾状水冷却、稀释，用防爆泵转移至槽车或专用收集器内集中处理
苯酚	石油化工、焦化、医药工业	少量泄漏时，可用干石灰等覆盖污染地面，向水体中投加粉末活性炭；大量泄漏时收集集中后处理
大肠杆菌	医院、兽医院等医疗机构含病原体污水：传染病、结核病污水	自来水厂加氯、紫外、臭氧消毒
藻类	富营养化水体	自来水厂可采用混凝气浮工艺结合过滤单元除藻

事实上，许多突发性水污染事故是无法清除污染物的，甚至无法使用化学方法处理，特别是发生在大型水域的事故，因此应急救援工作要务实，以保证用水安全为目标，充分利用水体的自净作用，为下游取水口（特别是生活用水取水口）提供及时的预警预报，必要时关闭取水口，直到污染团通过该区域。

待污染团通过该区域后，定时监测，并根据污染的情况，做出后期治理方案，以生态治理方式为主。

做好应急处理的记录工作对于处理整个污染事件十分重要，并可对今后处理类似事件提供参考。应急处理记录的内容应包括：污染事故发生的时间、地点，事故污染物的鉴定，其造成污染泄漏的原因及其影响范围和影响后果，目前已采取的应急处理措施的详细内容（如水样的采集、自来水厂取水口的关停等），应急处理负责人的确认签字。

6.6　后期处理

（1）善后处置水污染事件发生后，要做好受污染区域内群众的政治思想工作，安抚群众情绪。各有关部门尽快开展善后处置工作，包括人员安置、补偿，宣传报道等工作，同时对污染事件产生的污染物进行认真收集、清理。善后处理事项为：组织实施水环境恢复计划；继续监测和评价的污染状况，直至基本恢复；有必要时，对周围的人群和动植物的长期影响作跟踪监测；评估污染损失，协调处理污染赔偿和其他事故；对责任单位和个人按有关法律法规实施处罚。

（2）水环境污染事件灾害调查评估。污染灾害发生后，调查队要迅速赶赴现场开展灾害调查。调查内容包括受灾状况、危害程度、灾害过程有关环境保护资料等。要及时听取有关部门对预防和减轻水污染事件所造成灾害的意见，认真总结经验教训，并于灾害结束后15日内写出调查报告。

（3）财力和物资保障。要保证所需水污染事件应急准备和救援工作资金。水环境污染事故应急响应经费，按《突发事件财政应急保障预案》执行。对突发水环境污染事件财政应急保障资金的使用和效果要进行监管和评估。要建立健全应急物资监测网络，强化对物资储备的监管，确保应急救援物资和生活必需品的及时供应、补充和更新。

（4）治安和交通运输保障。水污染所在公安分局、武警支队要加强重点地区、重点场所、重点人群、重要物资和设备的治安管理和安全保卫工作，预防和打击各种违法犯罪活动。必要时，依法采取有效管制措施维护社会治安，维护周边道路交通秩序，保证应急处理工作顺利进行。要保证紧急情况下应急交通工具的优先安排、优先调度、优先放行，确保运输安全畅通；要依法建立紧急情况社会交通运输工具的征用程序，确保抢险救灾物资和人员能够及时、安全送达。

（5）基本生活和医疗保障。要做好受灾区群众的基本生活保障工作，确保受灾群众的衣食住行。

6.7 结　语

无论什么样的应急措施都不是完美的，只是一个预案，现场情况瞬息万变，因此指挥人员应根据现场情况咨询相关专家后，做出合适的决定，以人为本。应急响应程序需要政府的领导和社会的大力配合，在政府的协调下各部门协同处理。污染处理结束以后，对污染地域进行监视性监测，依靠水体的自净能力处理污染物，对污染物进行最后的处理，并及时进行生态恢复。

无论什么样的应急响应程序，都仅仅是为了预防事故发生以后的处理，与其这么做，不如对区域内的各种可能发生事故的设施及单位，进行环境风险评价，根据评价的结果，及时作出相应的对策，防患于未然，防止事故的发生。因为事故一旦发生所造成的损失远远大于预防所花费的成本。

参考文献

[1] 曾维华. 中国环境应急响应体系建设的探讨[J]. 环境保护，2005（12）：42-47.

[2] 汪立忠，陈正夫，陆雍森. 突发性环境污染事故风险管理进展[J]. 环境科学进展，1998，3：14-22.

[3] 于长江，孟宪林. 突发事故水环境污染风险预警模型的研究[J]. 哈尔滨商业大学学报，2007，23（1）：75-79.

[4] 陈佐. 突发性环境污染事故分析与应急反应机制[J]. 铁道劳动安全卫生与环保，2002，29（2）：45-47.

[5] 宋笑飞. 突发环境事件应急监测的问题分析及对策初探[J]. 环境科学与技术，2007，30（1）：58-60.

[6] 万本太. 突发性环境污染事故应急监测与处理处置技术[J]. 北京：中国环境科学出版社，2006.

[7] 贾敏. 我国突发性水污染应急制度研究[J]. 知识经济，2011（5）：96.

[8] 吴世良. 突发性水污染应急监测与质量控制[J]. 水利技术监督，2007，15（2）：17-19.

[9] 李春阳，傅金祥，马兴冠，等. 突发性水污染应急系统探讨[J]. 计算机光盘软件与应用，2010（13）：143.

[10] 李青云，赵良元，林莉. 突发性水污染事故应急处理技术研究进展[J]. 长江科学院院报，2014，31（4）：6-11.

[11] 徐冉，王梓，程永正，吴一楠. 突发性水污染事故应急管理体系研究[J]. 河北工业科技，2009（4）：218-252.

第7章

污染源—污水厂—河流的流域水环境污染环境事故的预防和监测过程方法

摘要：随着工业的发展对环境的影响也越来越严重，重大污染事件频频发生，水环境问题日益成为中国社会甚至国际关注的焦点。针对污染源和以污水厂为污染源的河流流域水环境的污染事故，本章提出了预防措施，并且对河流污染的预防和监测也提出了具体办法。

关键词：河流污染　污水厂　污染预防　污染监测

近年来，为了遏制水环境受到的严重污染，国家对城市污水处理项目的投入持续增加，相继在大中城市兴建了多座城市污水处理厂，城市污水处理事业得到了很大发展。对于以污水厂为污染源的河流，其水环境的预防和监测必不可少。

7.1　水污染的预防

水污染的问题归纳起来主要存在以下四个方面。第一，经济快速发展使水污染防治压力增加，我国近些年经济增长保持在 9%，经济总量扩大，经济增长很快，水污染量也增加，环境保护方面这些年来得到很高的关注，加大了投入，但是投入的增长和经济发展的增长不成正比，尽管做了很大努力，但是最后水污染增长的趋势并没有完全得到控制，水污染防治的压力也不断增加。第二，由于管理体制和技术因素的制约，对水环境执法力度不足，现在有一些企业只部分做到达标排放，主要原因是管理体制存在的问题，如多头管理；通过这几年改革，政府体制改革在不断解决这些问题，但是问题还是没有得到完全解决。体制改革是一个循序渐进的过程，影响既有技术方面的因素，也有设施不配套等因素，导致了执法力度不足，有部分企业没有达到完全环保要求，没有得到有效地治理达标排放。第三，这些年经济发展过快，基础建设材料包括能源的需求在不断增加，所以在能源这方面开发加大，特别在水利电力方面现在开发力度也比较大。为了满足能源的需求，加大了能源的开发，尤其是水利的开发，过多的开发对大江大河造成了生态破坏。第四，运行机制市场机制发挥作用不充分，特别是在公共环境保护方面，没有发挥市场机制作用，要进行水务市场的改革，要靠市场机制发挥作用，对污水处理市场实施产业化，虽然取得了较大发展，但是从整体上看还没有起到主导作用，这是将来发展的一个总趋势。

随着我国社会经济的快速发展，城镇化水平不断提高，城镇污水排放量持续增加，科学合理地处理好城镇污水的出路是生态环境可持续发展的重要保障。城镇污水经过处理后的最终出路是返回到自然水体，或者经过深度处理后再生利用。

排放水体是污水净化后的传统出路和自然归宿，也是目前最常用的方法。污水直接排放水体会破坏水体的环境功能。为了避免污水对水体的污染，保护水生生态，污水必须经过处理厂处理到达排放标准后才能排入水体。但通常经处理净化后的污水仍有少量污染物，排入水体后有一个逐步稀释、降解的自然净化过程。污水处理厂的排放口一般设在城镇江河的下游或海域，以避免污染城镇给水厂水质和影响城镇水环境质量。

对污水处理厂而言，首先污水处理厂的管道系统应该严格执行相关的污水接入下水道的水质标准，特别是对于工业废水中重金属等其他有毒有害物质的接入要严格控制，以保证污水处理厂的正常运行。其次，污水厂的出水标准应该根据接纳水体的性质、相关的排放标准、出水回用的程度以及规划期限内排放标准提高的可能性综合考虑确定。一旦排放标准确定，在选择处理工艺和处理程度时，应该采取适当的原则，以免造成资源的浪费，例如可以采用部分污水进行深度处理，然后与常规处理的出水混合达到排放标准；或者根据回用的需要，合理确定再生水处理的规模和处理程度；如果处理合流污水，则还要考虑是否对雨季执行单独的排放标准或者是否需要增设调蓄设施或单独的处理工艺。

流域性的水污染防治问题是一项比较复杂而又庞大的系统工程，通常是要在摸清流域水污染源状况和水环境质量现状及发展趋势水体功能区划分的基础上结合流域的社会、经济和自然环境条件对需要治理的重点污染源和城市污水提出有针对性的防治措施和具体要求，例如，在重要的地方设截流或者在入河口设支流。

城市河流的恢复对预防城市化水污染有着至关重要的作用，恢复河流两岸植被覆盖、漫滩、湿地，可使沉积物和营养物流入河流之前就将它们滤出，可以改善水质；湿地可以控制洪涝，吸收污染物将净化的水质放入地下水和溪流，并为野生动物提供避难所；林地可以再补充地下水并形成野生动物生活环境。改变地表性质增加降雨渗透率是减少地表径流的有效措施之一。在平坦的屋顶上建造屋顶花园或铺设薄草皮，已达到减少暴雨径流量的目的。在城区交通流量少的道路或停车场等区域，可用多孔砖取代水泥或沥青地面，让雨水渗透到下面的土壤中，减少径流量。通过宣传教育公众的方式减少人为污染物的使用和排放，如减少清洁剂、漂白剂等化学品的使用量或改用无毒清洁产品，少用或不用花园化学品。将危险废物如涂料、机油和溶剂送往处理厂而不是将它们冲入下水道。在排水道旁印刷某种标志，如鱼的标志，提醒公众注意环境保护。

城市污水来自千家万户和千百家不同工厂的混合废物的混合体，设计清楚污水中所有污染物的处理流程是非常困难的，只有知道废水的组成才能设计特定的处理流程来清除污染物。无论是就地处理还是在城市污水处理厂进行处理，从废水中去除污染物，常常是大量使用化学品和能源，去污原料只用一次就被扔掉了，这不仅花钱多，而且本身就是一种浪费。所以，采取从源头防治污染物的产生，比在制造过程末端控制污染物的效益更大。可通过重新制定产品配方以减少有毒成分的数量、改革工艺和重新设计设备以减少浪费、回收利用废物等方法预防污染。

7.2 污染源的监测

水污染源包括工业废水、城市污水等。在制订监测方案时，首先也要进行调查研究，收集有关资料，查清用水情况、废水或污水的类型、主要污染物及排污去向和排放量，车间、工厂或地区的排污口数量及位置，废水处理后是否排入江、河、湖、海，流经区域是否有渗坑等。然后进行综合分析，确定监测项目、监测点位，选定采样时间和频率、采样和监测方法及技术，制订质量保证程序、措施和实施计划等。

7.2.1 采样点的设置

水污染源一般经管道或渠、沟排放，截面积比较小，不需设置监测断面，可直接确定采样点位。

（1）工业废水。监测一类污染物：在车间或车间处理设施的废水排放口设置采样点。监测二类污染物：在工厂废水总排放口布设采样点。

已有废水处理设施的工厂，在处理设施的总排放口布设采样点。如需了解废水处理效果，还要在处理设施进口设采样点。

（2）城市污水。城市污水管网：采样点应设在非居民生活排水支管介入城市污水干管的检查井；城市污水干管的不同位置；污水进入水体的排放口等。城市污水处理厂：在污水进口和处理后的总排口布设采样点。如需监测各污水处理单元效率，应在各处理设施单元的进出口分别设采样点。另外，还需设污泥采样点。

7.2.2　采样时间和采样频率

工业废水和城市污水的排放量和污染物浓度随工厂生产及居民生活情况常发生变化，采样时间和频率应根据实际情况确定。

（1）工业废水。企业自控监测频率根据生产周期和生产特点确定，一般每个生产周期不得少于 3 次。确切频率由监测部门进行加密监测，获得污染物排放曲线（浓度—时间，流量—时间，总量—时间）后确定。监测部门的监督性监测每年不少于 1 次；如被国家或地方环境保护行政主管部门列为年度监测的重点排污单位，每年应增加到 2～4 次。

（2）城市污水。对城市管网污水，可在一年的丰、平、枯水季，从总排放口分别采集一次流量比例混合样测定，每次进行 1 昼夜，每 4 小时采一次样。在城市污水处理厂，为指导处理工艺参数和监测外排水水质，每天都要从部分处理单元和总排放口采集污水样，对一些项目进行例行监测。

7.3　污水处理厂运行管理及水质检测

污水处理厂的设计即使非常合理，但运行管理不善，也不能使处理厂运行正常和充分发挥其净化功能。因此，重视污水处理厂的运行管理工作，提高操作人员的基本知识、操作技能和管理水平，做好观察、控制、记录与水质分析监测工作，建立异常情况处理预案制度，对运行中的不正常情况及时采取相应措施，是污水理厂充分发挥出环境效益、社会效益和经济效益的保障。

水质检测可以反映原污水水质、各处理单元的处理效果和最终出水水质等，运用这些资料可以及时了解运行情况，及时发现问题和解决问题，对于确保污水处理厂的正常运行起着重要作用。目前，国内水质监测的自动化程度还较低，很多指标仍然依赖于实验室的化学分析，不能动态跟踪，因此不能及时发现和处理问题。大力推进监测仪器自动化，向多参数监测、遥测方向发展，同时，不断提高实验室分析的自动化、电子计算机化，实现在线监控，对提高处理效果有十分重要的作用。

污水处理厂水质监测指标，因污水性质和处理方法不同有所差异。一般监测的主要指标为水温、pH、OD、COD、DO、TN、TP、SS、污泥浓度等。当有特殊工业废水进入时，应根据具体情况增加检测项目。例如，焦化厂的含酚废水需增加酚、氰、油、色度等指标；皮革工业废水需测定氯化物等项指标。

7.4 污染源—污水厂—河流水环境的监测

污染源—污水厂—河流的流域水环境污染环境事故的预防和监测过程方法是基于传统与现代结合的快速监测方法。水质污染的连续自动监测一般要比空气污染的连续自动监测困难，这是因为水环境中的污染物种类更多，成分更复杂，从而导致基体干扰严重，通常都要进行化学前处理，而且污染物的含量往往是痕量的，要求建立可行的提取、分离、富集和痕量分析方法，所有这些均为连续自动监测技术带来的一系列困难。根据目前水质污染连续自动监测技术的发展，首先连续自动监测那些能反映水质污染的一般指标和综合指标项目，然后再逐步增加其他污染物项目。

与空气污染连续自动监测系统类似，水污染连续自动监测系统也由一个监测中心站、若干个固定监测站（子站）和信息、数据传递系统组成。中心站的任务与空气污染连续自动监测系统相同。水污染连续自动监测系统包括地表水和废水监测系统。

各子站装备有采水设备、水质污染监测仪器及附属设备、水文及气象参数测量仪器、卫星计算机及无线电台。其任务是对设定水质参数进行连续或简短自动监测，并将测得数据作必要处理；接受中心站的指令；将监测数据作短期储存，并按中心站的指令，通过无线点传递系统传递给中心站。

采水设备由网状过滤器、泵、送水管道和高位储水槽等组成，通常配备两套，以便在一套停止工作清洁时自动开启备用的一套。采水泵常使用潜水泵和吸水泵，前者因浸入水中而易被腐蚀，故寿命较短，适用于送水管道较长的情况；吸水泵不存在腐蚀问题，适合长期使用。采水设备在微机控制下可自动进行定期清洗。清洗方式可用压缩空气压缩喷射清洁水、超声波或化学试剂清洗，视具体情况选择或结合使用。水样通过传感器的方式有两种：一种是直接浸入式，即把传感器直接浸入被测水体中；另一种是用泵把被测水抽送到监测槽，传感器在监测槽内进行监测。由于后一种方式适合于需进行预处理的项目测定，并能保证水样通过传感器时有一定的流速，所以目前几乎都采用这种方式。

对水污染连续自动监测系统各子站的布设，首先也要调查研究搜集水文、气象、地质和地貌、污染源分布及污染现状、水体功能、重点水源保护区等基础资料，然后经过综合分析，确定各子站的位置，设置代表性的监测断面和监测点。

许多国家都建立了以监测水质一般指标和某些特定污染指标为基础的水污染连续自动监测系统。需与水质指标同步测量的水文和气象参数有水位、流速、潮汐、风向、风速、气温、湿度、日照量、降水量等。废水自动监测系统建在大型企业内，连续监测给水水质和排水中主要污染物质的浓度及排水总量，以对其进行污染物排放总量控制。

水污染连续自动监测系统目前存在的主要问题是监测项目有限，监测一起长期运转的可靠性尚差，经常发生传感器玷污、采水器和水样流路堵塞等故障。

监测项目要根据水体被污染情况、水体功能和废水中所含污染物及经济条件等因素确定。随着科学技术和社会经济的发展，生产、使用化学物质品种不断增加，导致进入水体的污染物质种类繁多，特别是那些持久性有毒有机污染物，如艾氏剂、狄氏剂、DDT、毒杀芬等农药，多氯联苯类、钛酸酯类等雌性激素，以及苯等多环芳烃类等，它们的含量虽然低，但具有致畸、致突变、致癌、引起遗传变异等危害作用，受到世界各国的高度重视，被列为优先监测污染物。

正确选择监测分析方法是获得准确结果的关键因素之一，其选择原则应遵循：灵敏度和准确度能满足测定要求、方法成熟、抗干扰能力好、操作简便。为使监测数据具有可比性，国际标准化组织（ISO）和各国在大量时间的基础上，对各类水体中的不同污染物质都编制了规范化的监测分析方法。我国国家环境保护总局将现行方法分为三类：A 类方法为国家或行业的标准方法，其成熟性和准确度好，是评价其他监测分析方法的基准方法，也是环境污染纠纷法定的仲裁方法；B 类为统一方法，是经研究和多个单位的实验验证表明的是成熟的方法；C 类为试用方法，是在国内少数单位研究和应用过，或直接从发达国家引进，供监测科研人员试用的方法。A 类和 B 类方法均可在环境监测与执法中使用（表 7-1）。

表 7-1 水污染可自动监测的项目及方法

	项目	监测方法
一般指标	水温	铂电阻法或热敏电阻法
	pH	电位法（pH 玻璃电极法）
	电导率	电导电极法
	浊度	光散射法
	溶解氧	隔膜电极法
综合指标	化学需氧量（COD）	库伦滴定法或比色法
	高锰酸盐指数	点位滴定法
	总需氧量（TOD）	高温氧化-氧化耗氧量仪法
	总有机碳（TOC）	燃烧氧化-非红外吸收法紫外催化氧化-非色散红外吸收法
	生化需氧量（BOD）	微生物膜电极法
单项污染指标	总氮	密封燃烧氧化-化学发光法
	总磷	比色法
	氟离子	离子选择电极法
	氯离子	离子选择电极法
	氢离子	离子选择电极法
	氨氮	离子选择电极法或膜浓缩-电导率法
	六价铬	比色法
	苯酚	比色法或紫外吸收法

监测分析方法的分类有以下两种。

7.4.1 用于测定无机污染物的方法

原子吸收法：分为冷原子吸收法、火焰原子吸收法和石墨炉原子吸收法，可测定多种微量、痕量金属元素。

分光光度法：包括可见、紫外和红外分光光度法，可测定多种金属和非金属例子或化合物，在常规监测中仍占有较大的比重。其中，有些测定项目引进了流动注射技术，实现了自动监测。

等离子发射光谱法：该方法近年来发展很快，已用于各种水及底质、生物样品中多元素的同时测定。一次进样，可同时测定 10～30 个元素。

电化学法：包括电位分析法、近代极谱分析法和库伦分析法，在常规监测中也占一定比重，并用于水质在线自动监测系统。

离子色谱法：是一种将分离和测定结合于一体的分析技术，一次进样可连续测定多种离子。

其他方法：化学法、原子荧光法、气相分析吸收光谱法、等离子发射光谱-质谱法等在无机污染物监测分析中也有一定应用，特别是 ICP-MS 法，其灵敏度比 ICP-AES 法高 2～3 个数量级，适用于痕量、超痕量有害元素的测定。

7.4.2　用于测定有机污染物的方法

气相色谱法（GC）和高效液相色谱法（HPLC）：它们是分离分析多种有机污染物的有力工具，已得到广泛应用。其中，高效液相色谱法适宜测定热稳定性和挥发性差、分子量大的有机污染物，弥补了气相色谱法的不足。

气相色谱-质谱法（GC-MS）：该方法把具有分离效率的色谱仪与具有准确鉴定和定量测定能力的质谱仪结合于一体，可以对复杂环境样品中的微量组分进行定性和定量分析。

其他方法：在常规监测中，如有机污染物类别测定、好氧有机物测定等，分光光度法、化学法等也有一定应用。

了解污染物在环境中的存在形态，对深入认识其环境行为，正确评价对环境的影响，以及设计污染物分析监测和治理方法等具有非常重要的意义。

对污染物形态进行分析常用的方法有：直接测定法、分离测定法、干法和理论计算法等。直接测定法是使用专一性的化学方法或物理化学测定样品中污染物的各种形态，如用离子选择电极法测定离子态元素。分离测定法是将样品中不同形态的待测组分用物理法（离心、超滤、渗析等）或物理化学法（萃取、层析、离子交换等）先进行分离，然后逐一测定。干法是用电子探针、X 射线衍射仪、核磁共振波谱仪等对颗粒状样品或生物样品进行非破坏性的形态分析。理论计算法是利用被研究体系有关热力学数据进行计算，确定其形态的方法。

对于监测方案的制订是完成一项监测任务的程序和技术方法的总体设计，制订时需首先明确监测目的，然后在调查研究的基础上确定监测项目，布设监测网（点），合理安排采样频率和采样时间，选定采样方法和分析测定技术，提出监测报告要求，制订质量控制和保证措施及实施计划等。

具体方案的制订主要分为以下几步。

（1）基础资料的收集。制订监测方案之前，应尽可能收集完整的预监测水体及所在区域的有关资料，主要有：水体的水文、气候、地质和地貌资料，如水位、水量、流速及流向的变化；降雨量、蒸发量及历史上的水情；河流的宽度、深度、河床结构及地质状况等。

水体沿岸城市分布、工业布局、污染源及其排污情况、城市给排水情况等，要查清监测河段内生产和生活取水口位置、取水量，废水排放口位置及污染物排放情况和其他影响水质及其均匀程度的因素。

水体沿岸的资源现状和水资源的用途；饮用水水源分布和重点水源保护区；水体流域土地功能及近期使用计划等。

历年的水质资料等要查清监测河段内生产和生活取水口位置，取水量，废水排放口位置及污染物排放情况和其他影响水质及其均匀程度的因素。

（2）监测断面的布设的原则。布设的原则要遵循以下几点：① 在对调查研究结果和有关资料进行综合分析的基础上，根据水体尺度范围，考虑代表性、可控性及经济性等因素，确定断面类型和采样点数量，并不断优化；② 有大量废水排入江河的主要居民区、工业区的上游和下游，支流与干流汇合处，海河流河口及受潮汐影响河段，国际河流出入国境线出入口，湖泊、水库出入口，应设置监测断面；③ 饮用水水源地和流经主要风景游览区、自然保护区，以及与水质有关的地方病发病区、严重水土流失区及地球化学异常区的水域或河段，应设置监测断面；④ 监测断面的位置要避开死水区、回水区、排污口处，尽量选择水流平稳、水面宽阔、无浅滩的顺直河段；⑤ 监测断面应尽可能与水文测量断面一致，要求有明显岸边标志；⑥ 在对调查研究结果和有关资料进行综合分析的基础上，根据监测目的和监测项目，并考虑人力、物力等因素确定监测断面和采样点。

（3）河流监测断面的设置。为评价完整江河水系的水质，需要设置背景断面、对照断面、控制断面和削减断面；对于某一河段，只需设置对照、控制和削减（或过境）三种断面。

背景断面：设在基本上未受人类活动影响的河段，用于评价完整水系污染程度。

对照断面：反映进入本地区河流水质的出事情况，设置在进入城市、工业区废水排放中的上游，基本不受本地区污染的影响处，为了解流入监测河段前的水体水质状况而设置。这种断面应设在河流进入城市过工业区以前的地方，避开各种废水、污水流入或回流处。一个河段一般只设一个对照断面，有主要支流时可酌情增加。

控制端面：主要反映本地区排放的废水对河流水质的影响，其位置应设在排污区的下游，污染物充分混合处，它主要为评价监测河段两岸污染源对水体水质影响而设置。控制断面的数目应根据城市的工业布局和排污口分布情况而定。断面的位置与废水排放口的距离应根据主要污染物的迁移、转化规律，河水流量和河道水力学特征等因素计算确定，一般设在排污口下游 500～1 000 m 处。因为在排污口下游 500 m 横断面上的 1/2 宽度处重金属浓度一般出现高峰值。对特殊要求的地区，如水产资源区、风景游览区、自然保护区、与水源有关的地方病发病区、严重水土流失及地球化学异常区等的河段上应设置控制断面。

削减断面：反映河流对污染物的稀释净化情况，设置在控制断面的下游，主要污染物有显著下降处，是指河流受纳废水和污水后，经稀释扩散和自净作用，使污染物浓度显著下降，其左、中、右三点浓度差异较小的断面，通常设在城市或工业区最后一个排污口下游 1 500 m 以外的河段上。水量小的小河流应视具体情况而定。

另外，有时为特定的环境管理需要，如定量化考核、监视饮用水水源和流域污染源限期达标排放等，还要设管理断面。

（4）采样点位的确定。设置监测断面后，应根据水面的宽度确定断面上的采样垂线，再根据采样垂线处水深确定采样点的数目和位置。

对于江河水系，当水面宽小于等于 50 m 时，只设一条中泓垂线；水面宽 50～100 m 时，在左右近岸有明显水流处各设一条垂线；水面宽大于 100 m 时，设左、右、中三条垂线（中泓及左、右近岸有明显水流处），如证明断面水质均匀时，可仅设中泓垂线。

在一条垂线上，当水深小于等于 5 m 时，只在水面下 0.5 m 处设一个采样点；水深不足 1 m 时，在 1/2 水深处设一个采样点；水深大于 10 m 时，设三个采样点，即水面下 0.5 m 处、河底以上 0.5 m 处及 1/2 水深处各设一个采样点。

监测断面和采样点确定后，其所在位置应有固定的天然标志物；如果没有天然标志物，则应设置人工标志物，或采样时用定位仪（GPS）定位，使每次采集的样品都取自同一位置，保证其代表性和可比性。

（5）采样时间和采样频率的设定。为使采集的水样具有代表性，能够反映水质在时间和空间上的变化规律，必须确定合理的时间和采样频率，一般原则是：

对于较大水系干流和中、小河流全年采样不少于 6 次；采样时间为丰水期、枯水期和平水期，每期采样两次。流经城市工业区、污染较重的河流、游览水域、饮用水水源地，全年采样不少于 12 次；采样时间为每月一次或视具体情况而定。底泥每年在枯水期采样一次。潮汐河流全年在丰水期、枯水期、平水期采样，每期采样两天，分别在大潮期和小潮期进行，每次应采集当天涨潮、退潮水样分别测定。排污渠每年采样不少于三次。背景断面每年采样一次，在污染可能较重的季节进行。饮用水水源地全年采样监测 12 次，采样时间根据具体情况选定。

（6）采样器和储样容器的选择和使用要求。采样器应有足够强度，且使用灵活、方便可靠，与水样接触部分应采用惰性材料，如不锈钢、聚四氟乙烯等。采样器在使用前，应先用洗涤剂洗去油污，用自来水冲净，再用 10%盐酸洗刷，再用自来水冲净后备用。

（7）采样及监测技术的选择。要根据监测对象的性质、含量范围以及测定要求等因素选择适宜的采样、监测方法和技术。

（8）质量保证与结论。水质监测所测得的众多化学、物理以及生物学的监测数据，是描述和评价水环境质量、进行环境管理的基础依据，必须进行科学的计算和处理，并按照要求的形式在监测报告中表达出来。

质量保证概括了保证水质监测数据正确可靠的全部活动和措施。质量保证贯穿监测工作的全过程。环境监测对象成分复杂，时间、空间上分布广泛，且随即多变，不易准确测量。环境监测质量保证是环境监测中十分重要的技术工作和管理工作，质量保证和质量控制是一种保证监测数据准确可靠的方法，也是科学管理实验室和监测系统的有效措施，它可以保证数据质量，是环境监测建立在可靠的基础之上。

7.5 结　语

由于对自然资源过度开发，水环境综合治理步伐缓慢，加之水资源短缺，水环境应急技术远远落后于工农业生产的发展，致使水污染状况日趋严重，已引起社会各界所关注。地表水是人类生存的宝贵资源，水环境污染影响着人们的生存，威胁着人们的生命，在水环境事故中如不及早动手进行综合处置，预计不远的将来，所面临的水污染形势将更加严峻，因此，必须加强废污染源-污水处理厂事故排放污水对河流水质及生存环境影响的研究，加强水污染的防治，努力为人们创造一个良好的生存环境。

参考文献

[1] 李亚峰. 城市污水处理厂运行管理[M]. 北京：化学工业出版社，2010.

[2] 肖长来，梁秀娟. 水环境监测与评价[M]. 北京：清华大学出版社，2008.

[3] 刘青松. 环境污染与防治技术[M]. 北京：中国环境科学出版社，2003.

[4] 刘青松. 环境监测[M]. 北京：中国环境科学出版社，2003.

[5] 奚旦立. 环境监测，3 版[M]. 北京：高等教育出版社，2010.

[6] 高廷耀，顾国维，周琪. 水污染控制工程，3 版[M]. 北京：高等教育出版社，2007.

[7] 胡承芳，肖潇. 突发性水污染监测预警系统设计研究[J]. 人民长江，2012，43（8）：71-75.

[8] 邢核，王玲玲，石杰. 应急监测分析方法存在的问题及建议[J]. 环境科学与管理，2007，32（3）：162-164.

[9] 刘卫红. 突发性环境污染事故应急监测质量保证体系的研究[J]. 中国环境监测 2008，24（1）：54-59.

[10] 陈丹青，赵淑莉，王清华，等. 突发性流域水污染应急监测的质量控制[J]. 环境监控与预警 2011（6）：16-22.

[11] 徐庆，钱瑾. 上海市突发性水环境污染事故应急监测能力建设[J]. 环境监控与预警，2010（5）：9-11.

[12] 傅晓钦，胡迪峰，翁燕波，等. 突发性环境污染事故应急监测研究进展[J]. 中国环境监测 2012，28（1）：107-109.

第8章
污染源—污水厂—河流流域水环境污染环境事故的预防和风险预警方法

摘要：针对频发的突发性水污染事故，建立起污染源—污水厂—河流的流域风险预警系统是非常必要的。本章将探讨突发性污染源—污水厂—河流的流域水环境污染环境事故的预防和风险预警方法。

关键词：污染源　污水厂　预防　风险预警

随着我国社会经济的高速发展，长期的粗放经济模式对水环境造成巨大的污染和破坏。由工厂爆炸、翻车沉船引起的化学药品泄漏等突发性事故时有发生，污染面积较大。同时，由污染引起的江河湖泊水质日益恶化等问题，已引起了人们的广泛关注。

由环境事故造成的水体污染和废水直排是造成水环境污染的重要原因。全国每年废水、污水排放量约 400 亿 t，而且排放量以每年 18 亿 t 的速度增加，大约有80%的污水没有经过处理或者是处理不达标直接排向江河湖海，既浪费了资源，又污染了水环境。

近年来环境突发事故频频发生，引发的水体污染也非常严重，但是因为其具有不可预见性，往往被人们忽视。传统的水环境管理模式仅仅只针对特定监测地点、特定时间的水质状况进行监控，无法对流域内的突发地点的水质状况进行预警，以及不能准确了解流域水质未来变化趋势与污染物输移情况，因而无法从宏观上把握突发环境事故引起的动态水环境风险。

污染源—污水厂—河流流域水环境预防预警系统，涵盖了环境保护目标流域范围内所有的工业废水、城市废水等污染源及相应的污水处理厂，通过对它们进行数字化信息采集与存储、动态监测，从而预测出各种污染物的迁移转化过程，可以提高政府决策部门对目标流域水质环境进行有效的综合管理和宏观决策，从而达到对目标水域预防预警的目的。

8.1　污染源—污水厂—河流流域系统的水环境污染环境问题

8.1.1　污染源

水体中的污染物来源主要有工业污染源、城市生活污染源和农业污染源等。按照时间序列分类又可以分为瞬时源和固定源。瞬时源又可以分为移动源和瞬时固定源。环境风险预警与控制系统，主要是对影响水环境的重金属、有机污染物等的预警与控制。避免其在水环境中滞留时间长、难降解、毒性强，被生物体摄入后不易分解，并沿着食物链浓缩富集。

8.1.1.1　工业污染源

工业污染源主要是工业废水，是指工业生产过程中产生的废水、污水和废液，其中含随水流失的工业生产用料、中间产物和产品以及生产过程中产生的污染物。通常将其按以下三种进行分类：第一种是按废水中所含主要污染物的化学性质分类，含无机污染物为主的为无机废水，含有机污染物为主的为有机废水。例如电镀废水和矿物加工过程的废水，是无机废水；食品或石油加工过程的废水，是有机废水。第二种是按工业企业的产品和加工对象分类，如冶金废水、造纸废水、炼焦煤气废水、金属酸洗废水、化学肥料废水、纺织印染废水、染料废水、电站废水等。第三种是则按废水中所含污染物的主要成分分类，如酸性废水、碱性废水、含氰废水、含铬废水、含镉废水、含汞废水、含酚废水、含醛废水、含油废水、含硫废水、含有机磷废水和放射性废水等。工业废水若直接排放到渠道，江河，湖泊中会污染地表水，如果毒性较大甚至会导致水生动植物的死亡甚至绝迹；并且还可能渗透到地下水，污染地下水，进而污染农作物；如果周边居民将被污染的地表水或地下水作为生活用水，会严重危害身体健康；工业废水渗入土壤，造成土壤污染，从而影响植物以及土壤中微生物的生长。

8.1.1.2　城市生活污染源

生活污染源主要是城市生活中使用的各种洗涤剂和污水、垃圾、粪便等，多为无毒的无机盐类，水中除含有碳水化合物、蛋白质、动植物脂肪、尿素和氨、肥皂和合成洗涤剂等外，还含有细菌、病毒等使人致病的微生物。这种污水会消耗水体中的溶解氧，也会产生泡沫妨碍空气中的氧气溶于水，使水发臭变质。

8.1.1.3 农业污染源

农业污染源是农业生产过程中对环境造成有害影响的农田和各种农业措施。包括农药、化肥的施用、土壤流失和农业废弃物等。农业污染源如化肥和农药的不合理使用，造成土壤污染，破坏土壤结构和土壤生态系统，进而破坏自然界的生态平衡；降水形成的径流和渗流将土壤中的氮、磷农药以及牧场、养殖场、农副产品加工厂的有机废物带入水体，使水质恶化，造成水体富营养化等。

8.1.2 污水处理厂

污水处理厂（wastewater treatment plant，WWTP）是指从污染源排出的废水，因含污染物总量或浓度较高，达不到排放标准要求或不适应环境容量要求，为达到水环境质量和功能目标必须经过人工强化处理的场所。一般分为城市集中污水处理厂和各污染源分散污水处理厂，污水经处理后排入水体或城市管道。有时为了回收循环利用废水资源，需要提高处理后出水水质，则需建设污水回用或循环利用污水处理厂。

污水处理厂的工艺流程是由各种常用的或特殊的水处理方法优化组合而成的，包括多种物理法、化学法和生物法。从处理深度上，污水处理厂包括一级、二级、三级或深度处理。

一级处理主要是通过物理作用将水中大颗粒悬浮物去除，主要包括：粗格栅—细格栅—沉砂池—初级沉淀池，粗格栅主要是截留大粒径漂浮物，防止对后续构筑物的阻塞，降低一定的处理负荷，细格栅功能与粗格栅类似只是过滤的级别更细，沉砂池主要是去除水中的砂粒，减少砂粒对后续设备的磨损，另外有时候砂粒附着大量的有机物，沉砂池常常采用曝气沉砂池，通过曝气作用将砂粒有机物去除掉；初次沉淀池主要是去除污水中可沉降的悬浮物，经过初次沉淀池后水中有机物可以去除 30%～40%。

二级处理主要是对经过一级处理后的污水进行生化处理，其中包括生物反应池和二次沉淀池生物反应池。根据采取的工艺不同而不同，但是主要作用就是通过生物化学作用将水中有机物转化为二氧化碳、水、氮气或者被生物体吸收成为可沉降污泥。二次沉淀池主要是将生化反应完全后的活性生物污泥进行沉淀将污染物去除。经过二级处理后污染物去除可达 80%～90%。

三级处理又叫深度处理主要用于污水资源化，就是将污水进行处理后进行回用。根据回用的标准不同采用的深度处理工艺不同，一般工艺包括混凝—过滤—消毒，这个过程基本上与给水处理工艺相似。

目前我国污水处理厂的主要处理工艺有普通活性污泥工艺、水解—好氧工艺、AB 工艺、A/O 工艺、A^2/O 工艺、氧化沟工艺、SBR 及其改进工艺以及土壤处理技术，其中土壤处理技术还包括土地处理、人工湿地、人工快速渗滤、地表漫流。根据建设部统计，A^2/O、氧化沟和 SBR 工艺在数量和处理能力方面占全国 80%左右。

污水处理设置几级主要是根据排放标准及回用标准进行确定，但是一般的城市污水处理场均不允许仅仅进行一级处理后排放，因为一级处理后的污水基本上不能满足污水排放标准。由于现在水资源的短缺，很多城市污水处理场在建设过程中均考虑了污水回用，也就是一些新建污水处理厂都设置了深度处理，并且这种趋势在逐步加强。

污水处理厂作为解决水污染问题最基本而有效的途径，是保护城市生态环境、治理河流污染的必然举措，但其在建设和运行过程中，由于收集与处理体系不健全，同时在运营过程中又因自身产生和排放污染物，对周围环境产生了新的污染，主要包括出水水质不达标造成污染、水处理过程中产生的恶臭气体和污泥处理等问题。

8.1.3　河流流域

河流生态系统是经过长期演化，具有完整的结构以及稳定的生态功能。流域是完整的自然地理单元，一般包括上游、中游、下游、河口等，涵盖淡水生态系统、陆地生态系统、海洋和海岸带生态系统。水是流域不同地理单元与生态系统之间联系最重要的纽带，是土壤、养分、污染物在流域内迁移的载体。

经济快速发展引起河流自然地理条件、水资源条件和流域生态环境发生了很大的变化，这种变化的总趋势就是河流的自然地理环境与资源环境功能进一步削弱，河流越来越呈现出其承载能力与人口迅速增长和经济发展不协调的态势。因此，合理开发和有效利用河流，已经成为关系资源、环境、经济与社会发展、生态与环境安全的重要战略课题。

实行河流流域综合管理是当前世界各国治理水问题的普遍趋势，也是解决我国日益严重的流域水资源环境问题的重要途径。流域综合管理不是原有水资源、水环境、水土保持、湿地保护、林草恢复等要素的简单叠加，而是基于生态系统方法和利益相关方参与，试图打破部门管理和行政管理的界限，改变原有的治理结构。它既非仅仅依靠河流、湖泊体外处理工程措施，也非简单恢复河流自然状态，而是通过综合性的措施重建生命之间的系统综合管理，以提升流域环境风险的应急能力。

8.2 污染源—污水厂—河流流域水环境风险预警框架

水环境风险包含两个要素，即不良影响的可能性与严重性。水环境风险评价即评估事件的发生概率及在不同概率下事件后果的严重性，并决定适宜采取的对策。其主要特点是评价环境中的不确定性和突发性问题，人们关心的事件发生的可能性及其发生后的影响。环境风险评价处理了危险物、人类系统和生态资源之间的关系，为环境现状评价和设定情景下的状态预测提供了技术基础。环境风险评价需要解决 4 个问题：① 什么因素可能引起不良影响；② 不良影响发生的概率是多大；③ 不良影响的范围和程度是多大；④ 如何进行风险管理及减少风险与危害的发生，管理成本是多少。

相对于事故发生后所采取的末端管理而言，针对尚未发生的隐患事件的风险管理，可以为水环境安全提供更有效的信息，也更有利于可持续发展。因此，基于环境风险评价理论建立区域水环境安全预警系统具有现实意义。

以污染源—污水厂—河流流域水环境安全预警为目的的水环境安全评价工作，其实质是通过评价结果来完成或辅助完成以下任务：① 判定水体安全受到威胁的程度，尤其是一些极端情况，以便在预警系统中实现状态报警功能；② 掌握水安全状态的变化趋势，以便在预警系统中实现趋势报警功能；③ 确定导致水环境处于不安全状态的风险因素，例如主要污染物及其来源、污染时段、位置区间及其发展趋势等，以便在预警系统中实现警源回溯功能，进而寻找造成水环境不安全的人类活动，以便予以适当干预（图 8-1）。

污染源—污水厂—河流流域环境风险预警示意图解释如下：

① 居民小区：从 A_1—A_n 表示居民小区的生活垃圾污染源等。

② 污染源：从 A_1—A_m 表示直接污染物的污染源等。

③ 城市污水处理厂：从居民小区排放出来的污染源归入城市污水处理厂中。

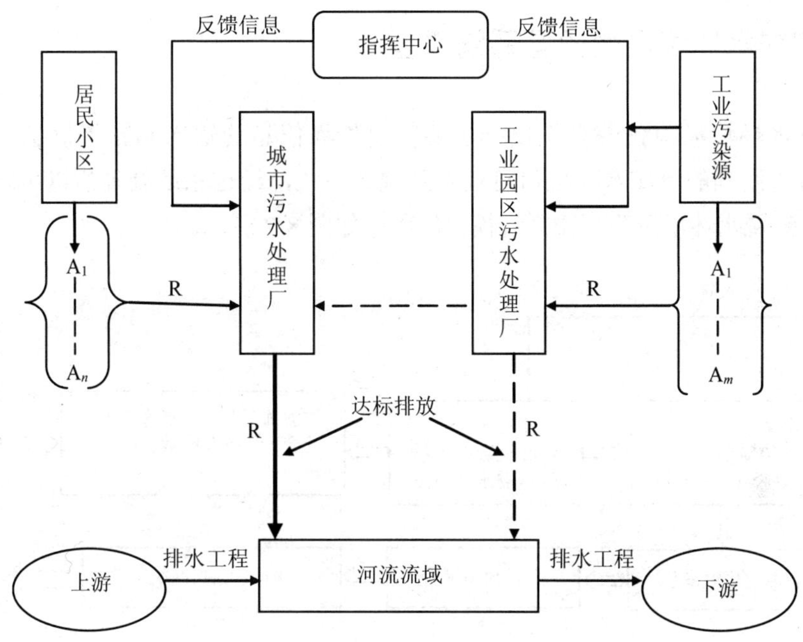

图 8-1　污染源—污水厂—河流流域环境风险预警示意

④ 工业园区污水处理厂：从各个工厂等排放的污染源汇总到工业区污水处理厂中。

⑤ 从城市污水处理厂和工业园区污水处理厂在经过达标检测合格后，向不同的河流流域排放。

⑥ 从上游到下游，经过排水工程处理，保持河流的最低污染限度。

⑦ R：水环境风险预警测试。

污染源—污水厂—河流流域水环境风险预警是一个结构复杂的综合系统，其涵盖的层面广阔，包括社会子系统、经济子系统、水量与水质子系统等。水环境安全的风险压力源于各种工农业和人类生活活动，以及作为响应过程的政策措施等，它们直接体现为影响水质状态的污染物排放与水量条件。因此，需要从人类社会经济活动的角度综合考虑影响河流流域水环境安全的因素。

8.3 流域水环境风险预警系统模型

流域水环境风险预警系统模型主要实现外界信息的输入和预警信息的输出功能，即将监测到的流域水环境信息输入到预警系统，经过系统处理后以可视化的结果输出。流域水环境风险预警系统模型的程序如图 8-2 所示。

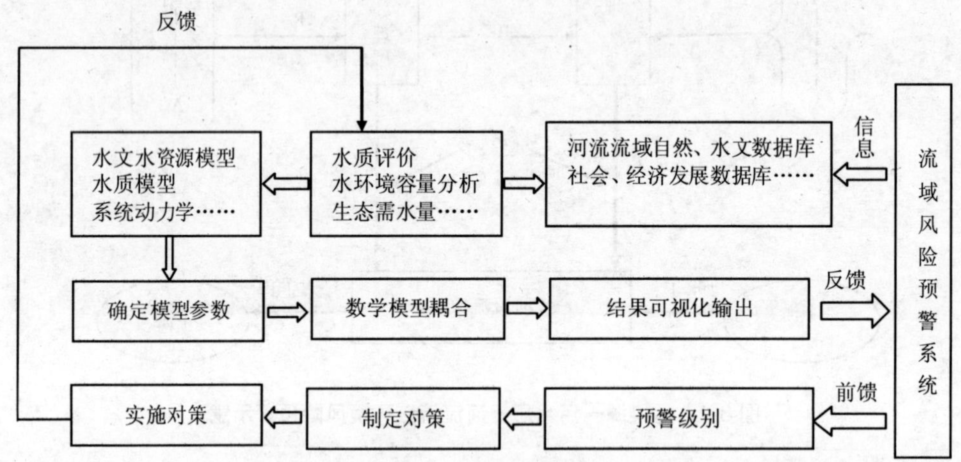

图 8-2 流域水环境风险预警系统模型

根据流域水环境风险预警系统模型与框架图，利用改进型 LMBP 神经网络算法，建立模型并将逆矩阵 G^{-1} 移到等式的左边，用直接求解 LU 方程，进行环境风险预测。

8.3.1 改进 LMBP 模型

8.3.1.1 标准 LMBP 模型

设环境风险目标函数为

$$F(x)=\sum_{j=1}^{q}\sum_{i=1}^{n}e_{ij}^{2}=\sum_{i=1}^{N}v_{i}^{2}(x) \tag{8-1}$$

其中

$$e_{ij}=t_{ij}-y_{ij} \tag{8-2}$$

为环境预测网络向量，$v_i(x)$ 为污染预警节点向量。

由牛顿法　$$x_{k+1}=x_k-\left[\nabla^2 f\left(x_k\right)\right]^{-1}\nabla f\left(x_k\right) \tag{8-3}$$

则　$$\Delta x=-\left[\nabla F^2\left(x\right)\right]^{-1}\nabla F\left(x\right) \tag{8-4}$$

尽管牛顿法具有收敛迅速的优点，但由于每次迭代计算中不能保证 Hessian 矩阵 $\nabla F^2\left(x\right)$ 都可逆，则可用 $J^T\left(x\right)J\left(x\right)+S\left(x\right)$ 近似代替 $\nabla F^2\left(x\right)$，式中 $J\left(x\right)$ 为 $e\left(x\right)$ 的雅可比（Jacobian）矩阵。$S(x)=\sum_{i=1}^{N}e_i\left(x\right)\nabla^2 e_i\left(x\right)$ 为 $e\left(x\right)$ 的 Hession 矩阵（误差矩阵）。

$$J(x)=\begin{vmatrix}\dfrac{\partial e_1\left(x\right)}{\partial x_1}\cdots\dfrac{\partial e_1\left(x\right)}{\partial x_n}\\ \dfrac{\partial e_2\left(x\right)}{\partial x_1}\cdots\dfrac{\partial e_2\left(x\right)}{\partial x_n}\\ \vdots \\ \dfrac{\partial e_n\left(x\right)}{\partial x_1}\cdots\dfrac{\partial e_n\left(x\right)}{\partial x_n}\end{vmatrix} \tag{8-5}$$

可以证明 $\nabla F(x)=J^T(x)e\left(x\right)$　(8-6)

当解靠近极值点时 $S(x)=0$　(8-7)

则　$\Delta(x)=-\left[J^T\left(x\right)J\left(x\right)\right]^{-1}J^T(x)e\left(x\right)$　(8-8)

将式（8-8）进行改进，使其既包含高斯-牛顿法又具有梯度下降法的混合形式。公式为

$$\Delta(x)=-\left[J^T\left(x\right)J\left(x\right)+IU\right]^{-1}J^T(x)e\left(x\right) \tag{8-9}$$

式中，I 为单位矩阵，U 为比例系数，若 U 接近于 0 时，则为高斯-牛顿法，若 U 值较大时，近似于梯度下降法 $\Delta x\approx-\nabla F(x)/2U$，通常的调整策略是算法开始时 U 取一小的正值，如果某一步不能减少误差目函数 $F(x)$ 的值，则 U 乘以一个大于 1 的步进因子 θ，即 $U=U\theta$，如果某一步产生了更小的 $F(x)$，则 U 在下一步除以 θ，即 $U-U/0$。

8.3.1.2 改进 LMBP 模型

对 LMBP 进行深入研究，发现其中涉及的矩阵$\left[J^T J + IU\right]^{-1}$是影响其收敛的主要因素，通过使用 LU 直接分解法去除耗时的矩阵求逆运算，极大地减少了 LMBP 的计算量。

可以令 $A = \left[J^T J + IU\right]^{-1}$ （8-10）

$-\Delta x = x$ （8-11）

$J^T e = b$ （8-12）

则式（8-9）可以改为 $Ax = b$ （8-13）

可以利用 LU 直接分解法对 A 进行对称三角分解。求 $Ax = b$ 的问题就等价于求出 $A = LU$ （8-14）

再根据 $Ly = b$ （8-15）

又有 $Ux = y$ （8-16）

可求出 x。

使用 LU 分解法求解 Δx 不需要求逆矩阵，此时只需 $n^3/3$ 次乘除运算，运算速度可提高三倍以上。由于运算次数的减少，不但 Δx 以节省运算时间，还能减少舍入误差，因此，这种改进使算出的预警值更精确。

在实际预测计算中，随着 U 的增大，导致一次迭代在小步的循环中需循环多次，花很长的时间才能结束。为了解决这一问题，将原来的固定的 θ 值设计为变步长方式，即步长因子 θ 是一个可变的量。变步长公式定义为

$$\theta' = 2^{k-\alpha}\theta \tag{8-17}$$

式中，k 为只有进入此步小循环的次数，$\alpha \in [0,1]$ 为调整变量。

如果某一步不能减少目标函数 $F(x)$ 的值，则 U 乘以一个新的步进因子 θ'，$U=U\theta'$，如果某一步产生了更小的 $F(x)$，则 U 在下一步除以新的步进因子 θ'，即 $U=U/\theta'$，以进行水环境风险的预测。

同时，结合流域水环境状况调查，分析评价流域水环境现状，利用神经元网络和层次分析结合的方法确定主要影响因子，建立水环境安全预警系统的指标体系；根据指标体系，选择合理的数学分析模型，进行不同模型间耦合。同时，调用在信息技术支持下建立的为系统分析服务的各种数据库进行流域水环境预警过程模拟，

形成在计算机帮助下的可视化模拟结果。最终，由模拟结果确定警戒级别和不同警戒级别下的各项环境质量指标，对区域或流域水环境发展趋势进行分析找出影响其变化的主驱动力，以采取相应的预防或治理措施。

8.4　流域水环境风险预警系统与突发性水污染事故预警

突发性水环境污染事故是指因突发的人为或者自然灾害导致污染物进入水环境，造成水环境恶化，致使水生态系统受到危害并影响水资源的有效利用，进而对经济社会的正常活动构成严重威胁的事故。突发性水环境污染事故具有发生的突然性、形式的多样性、危害的严重性和处理的艰难性等特点。近年来，随着社会经济的快速增长，环境安全领域的隐患逐渐增加，给水环境带来了许多具有不确定性的负面影响，突发性水环境污染事故亦呈上升趋势。因此，如何应对突发性水环境污染事故已经引起政府的高度重视并成为水资源保护工作的当务之急。

水环境污染事故预警指标体系的建立是水污染事故预警的基础上，也是制定和实施重大环境污染事故应急预案的基础。该指标体系区别于一般的环境质量评价和环境质量预警指标体系，重点关注的环境要素是水体，并突出“突发性”事故预警的特征，按照预警指标集建立、预警指标筛选、预警指标体系构建的工作流程，选取 8～10 个快速易得的指标构建预警指标体系。

突发性水污染事故警情分为轻警（Ⅳ级）、中警（Ⅲ级）、重警（Ⅱ级）和巨警（Ⅰ级）共 4 级，可根据事故相关的人员伤亡、经济损失、取水影响、影响范围行政界限等情况和水环境污染事故警情综合指数来判定，并根据研究区自身特征和警情分级确定各个指标的分级阈值。

8.5　结　语

总体而言，我国对水污染突发事故的预防控制研究尚处于起步阶段。要实现环境风险源由常态管理向风险管理的转变，还需要进行流域污染负荷总量核定，开展风险源的识别，结合污染源的风险评价以及点源、非点源污染治理措施开展系统研究。此外，传统的以政府为主导的命令控制型手段和以政府引导为主的经济刺激性手段难以完全满足流域污染源环境管理的需要，有必要从政府、公众和企业三方面共同挖掘企业环境管理的驱动因素，完善我国现有的污染源管理体制和机制，为从源头控制流域污染源风险提供依据。

突发性水污染事故不仅是环境问题，更是不容回避的社会现实问题。为预防突发性水污染事故的发生，有效地控制并将事件造成的损失降至最低限度，需要尽快建立科学有效的应急处理机制。应急系统的建立任重而道远，尚有许多问题亟待更进一步研究。应急系统的建立还是一项系统工程，其中水污染事故应急响应系统更是一项艰巨的系统工程，它是由水污染事故预防、事故准备和事故反应组成的一个有机整体，同时涉及了各个层面的人员、设备和技术等。所以，必须以系统的观点去考虑水污染事故建设的各个方面的问题，而这都需要政府的大力支持和各部门之间的相互配合。总之，突发性水污染事故预警应急系统将在不断建设和完善中向高效、科学和智能化方向发展。

参考文献

[1] 姚远，张丹丹，楚英豪. 城市污水处理厂中的能耗及能源综合利用[J]. 资源开发与市场，2010，26（3）：202-205.

[2] 王进，陈爽，姚士谋. 城市化进程中城市环境问题及管理新思考[J]. 地理与地理信息科学，2004（6）：78-83.

[3] 郝华. 我国城市地下水污染状况与对策研究[J]. 水利发展研究，2004，4（3）：23-25.

[4] 龙笛，潘巍. 河流保护与生态修复[J]. 水利水电科技进展，2006（2）：21-25.

[5] 徐凤兰，叶丹，曹德福，等. 浅谈地下水污染及其防治[J]. 地下水，2005，27（1）：50-52.

[6] 罗兰. 我国地下水污染现状与防治对策研究[J]. 中国地质大学学报，2008，8（2）：73-75.

[7] 郝华. 我国城市地下水污染状况与对策研究[J]. 水利发展研究，2004，4（3）：23-25.

[8] Burkart M R，Kolpin D W，James D E. Assessing groundwater vulnerability to agrichemical contamination in the Midwest US[J]. Water Science and Technology，1999，39（3）：103-112.

[9] 吴登定，谢振华，林健，等. 地下水污染脆弱性评价方法[J]. 地质通报，2005，24（10）：1043-1047.

[10] 薛达，薛立，等. 园林、城市森林与城市生态环境[J]. 城市发展研究，2001（1）：54-57.

第9章

重大流域水环境污染事故及其应急处置技术

摘要：突发性水污染事故，是指由于违反水资源保护法规的经济、社会活动与行为，以及意外因素的影响或不可抗拒的自然灾害等原因，致使水资源受到污染，人体健康受到危害，社会、经济与人民财产受到损失，造成不良社会影响的突发性事故。

关键词：重大流域　水污染　应急监控

近年来，中国接连发生多起重大突发性水污染事故：2002 年 12 月发生了珠江流域柳江支流上的 20 t 砒霜入河事件；2004 年 1 月发生了左江外国入境河流的跨国境水污染事件；2004 年 3 月和 5 月沱江接连发生两起特大水污染事件；2005 年 11 月 13 日，中石油某双苯厂发生爆炸，苯类污染物流入松花江，造成重大水污染事件，震惊中外，不仅造成了比较严重的人身伤害和巨大的经济损失，而且造成了社会的不安定和生态环境的严重破坏。许多重大的突发性水污染事故给生态环境及人类的生存带来了极大的灾难，并且已经成为中国用水安全和水环境质量的一个潜在威胁。伴随我国 GDP 高速增长的是越来越严峻的环境问题，尤其是水污染问题，已经引起全社会的广泛关注。所以我国七大流域的水污染现状都不容乐观，水污染治理旧账未还，又欠新账，突发性水污染事件更使我国不堪重负的水环境雪上加霜，给人民群众的人身和财产造成了相当严重的损失，也给经济发展和社会安定增添了许多不稳定的因素。本章通过分析我国应对突发性水污染事件的现状，对我国现行的突发性水污染事件应急立法进行研究，在吸收国内外的先进经验和已有研究成果基础上，寻求适合我国实际情况的应急立法措施，以弥补现行立法的不足，从而将突发性水污染事件的危害减小到最低限度，逐步达到人与自然的和谐发展。

9.1 应对突发性水污染事故中存在的问题

突发性水污染事件是相对于常规污染事件而提出的，主要指由于事故（交通、污染物储存设施破坏、污水管道破裂、污水处理厂事故排放等）、人为破坏和极端自然现象（地震、大暴雨等）引起的一处或多处污染泄漏，使得短时间内大量污染物进入水体，导致水质迅速恶化，影响水资源的有效利用，严重影响经济、社会的正常活动和破坏水生态环境的事件。它包括间歇性污染和瞬时污染两种形式。间歇性污染多由自然因素导致，通常表现为原水水质的突然恶化，并将持续一段时间，如（2005 年 4 月的汾河水库水质污染事件）；瞬时污染具有很强的随机性和多样性，表现为短时间内污染物的大量排放，破坏性极强，如 2005 年 12 月的北江污染事件。突发性水污染事件的分类方法很多，根据发生方式可分为交通事故污染（如 2006 年 8 月陕西烧碱污染事件），生产事故造成的污染（如 2005 年松花江污染事件），自然环境变化引起的污染（如 2005 年 4 月汾河水库污染事件），非正常大量废水排放造成的污染（如 2007 年 12 月都柳江污染），人为破坏造成的污染（如 2006 年 7 月湖北黄陂投污事件），暴雨等自然灾害造成的污染（如 2006 年 4 月广西供水水渠污染）等；按照污染物性质可以分为有毒有害化学物质污染（如 2006 年 11 月湖北化学原料污染事件），油类污染（如 2006 年 11 月长江四川境内某段污染事件），重金属污染（如 2006 年 1 月湘江镉污染事件），藻类污染（如 2007 年 6 月太湖蓝藻污染事件）等。

应对突发性水污染事故中存在的问题如下所述。

9.1.1 相关法律法规不完善

突发性紧急状态是一种法治的状态，政府部门和官员必须尊重法律的权威，按照法律规定的职权、范围和程序依法行政，既不能不履行法律规定的义务和责任，又不能超出法律权限，任意滥用职权。我国目前预防和处置突发性水污染事件的法律规范还不完善，总体来看，我国预防和处置环境突发事件的法律规定主要出自作为环境基本法的《中华人民共和国环境保护法》，但该法只做了原则性的规定。

9.1.2 缺乏及时、准确的报告系统，信息渠道不畅通

突发性事故报告的及时与准确是能否实施应急处理措施的关键。目前许多突发

事故发生后，肇事者常常不愿承担污染造成的后果，刻意隐瞒污染事实或逃离事故现场，而且，在信息报告、通报和公布的过程中，隐瞒伤亡、损害情况甚至瞒报整个突发事件的现象时有发生。事故情况没有及时向有关部门报告，事故信息没有及时向下游地区和相关部门通报，也没有及时向社会公众发布，往往延误了处理污染事故的时机，也使居民受到损害并由此产生的恐慌心理。另外有关部门也存在对突发性水污染事故认识不足的情况，认识不到污染可能引发的严重后果，直到影响了正常生活才向上级和群众报告污染情况。污染情况报告到相关部门后，也存在重视程度不够以致拖延上报或处置滞后的情况。

9.1.3　事故处置不及时

突发性水污染事故具有多样性，同时带有偶然性和突发性。因此必须时刻备好相应救援物资。

备品和应急救援物资超过保存期限后应及时更新。大量储备各种物资和设备并使之随时可投入使用，需要相当的人力和资金。而在突发性水污染事故发生时才去紧急购置，无法尽快处置突发性水污染事故。

9.1.4　缺乏有效的应急处理机制

对于突发性水污染事件，关键在于防范和处理两个方面。我国目前处理突发性水污染事件的规定还是主要着眼于规定事件发生的报告程序，而对于应急处理措施的规定则过于简单，缺乏突发性水污染事件应急处理机制，突发性水污染事件的预警、信息发布制度等还很不健全，而且水库系统内部尚未建立专门的应急管理机构。

9.2　水环境污染事故的应急处理概述

对于突发性水污染事件，关键在于防范和处理两个方面。突发性水污染事件防范就是如前所述，进行系统化的应急监测与预警及其事故污染的及时处理；应急处理就是利用最先进或最适宜的风险应急处置技术方法，对突发性环境事故进行高效快速处理，并且在处理过程中不留任何环境污染隐患。我国目前处理突发性水污染事件的规定还是主要着眼于规定事件发生的报告程序，而对于应急处理措施的规定则过于简单，缺乏突发性水污染事件应急处理机制，突发性水污染事件的预警、信息发布制度等还很不健全，而且水库系统内部尚未建立专门的应急管理机构国外通常根据不同类型的水质污染而采取相应的供水应急净化措施，如实施强化常规工艺、启动预处理或深度处理工艺等。在国内几起典型的突发性水污染事件中，特别是松花江硝基苯污染事件和广东北江镉污染事件，一些供水应急净化技术已经得到成功应用。国内典型水污染事件和应急措施如下。

9.3 含苯物质环境污染事故事件的应急处置对策

2005 年 11 月松花江流域重大水污染时的硝基苯浓度超标约 30 倍（国家地表水环境质量标准硝基苯的水质指标限制浓度是 0.017 mg/L）。城市自来水厂常规处理工艺对硝基苯基本没有去除作用，采用混凝沉淀的方法，对硝基苯的去除率在 2%～5%，单纯增加混凝剂的投量无改善作用。研究人员提出主要采用活性炭吸附去除硝基苯的应急处置技术，主要措施包括：一是在水厂取水口处投加粉末活性炭，利用水源水从取水口到净水厂的输水管线，在输送过程中粉末炭吸附硝基苯。从取水口到各净水厂有 81 m 的输水管线，水源水在输水管线中的停留时间在 1～2 h，可以满足粉末炭对吸附时间的要求。经过紧急试验，确定了在源水中硝基苯数倍超标条件下，投加粉末炭 40 mg/L，此后根据水质变化情况，调整粉末活性炭的投加量。二是把水厂现有砂滤池改造成活性炭和石英砂双层滤料滤池，具体方法是把现有的石英砂滤料挖出 0.5 m 左右，加入 0.5 m 的粒状活性炭。27 日下午 2 点，在水源水超标 2.61 倍的情况下，滤后水中硝基苯的浓度已经降到了标准限值的 5%，到 27 日早上 4 点，水厂的进水口硝基苯已经检不出。根据这个经验，在该江段所在市的下游一气化厂的取水口处投加粉末活性炭，投加量 50 mg/L，在厂内进行砂滤池改造，增加 1.4 m 厚的粒状活性炭。大连河的取水口到净水厂距离是 11 m，输水时间在 5～6 h。在水源水硝基苯超标最高倍数 15 倍的条件下，通过粉末活性炭和粒状活性炭的双重保障，有效去除原水中的硝基苯，平均去除率达到了 98.5%，出厂水硝基苯的平均浓度只有 0.001 mg/L。

总结松花江水污染事件城市供水应急处理效果和后续的深入试验研究成果，在取水口处投加粉末活性炭，利用水源水从取水口到净水厂的输送距离，在输水管道中完成吸附过程，把应对硝基苯污染的安全屏障前移，是应急处理取得成功的关键措施。

9.4　重金属污染事件和应急处置技术

9.4.1　污染事故与应急控制

《地表水环境质量标准》（GB 3838—2002）中的Ⅱ类和Ⅲ类水体和《生活饮用水水质卫生规范》（卫生部，2001）中对镉的浓度限值均为 0.005 mg，建设部行业标准《城市供水水质标准》（CJ/T 206—2005）中镉的浓度限值为 0.003 mg/L。在广东北江镉污染事件中执行的标准为前两个标准，即镉浓度限值 0.005 mg/L。

2005 年 12 月 5～14 日广东冶炼厂在设备检修期间超标排放含镉废水，造成广东北江某段水体镉超标，15 日在北江高桥断面镉超标 10 倍，90 km 污染河段中含镉 4.9 t，扣除本底，多排入了 3.6 t 镉。北江上中游的一些城市的饮用水水源受到污染，致使受污水厂自 12 月 17 日起已经停止自来水供应。北江中下游多个城市的水源也受到了严重威胁。广东省政府于 12 月 20 日公布了此次污染事件。清华大学在 12 月 20 日下午 15 时接到建设部关于广东北江发生镉污染事件的电话通知后，立即确定了处理试验的研究方向，组织开展试验研究。

研究（从 20 日 18 时至 22 日早 8 时，分别在实验室进行配水试验和在广东进行实际水样试验），专家组得出了水厂应急除镉净水可以采用弱碱性条件混凝处理的研究结果，于 22 日凌晨形成了保证城市安全供水的实施方案，并于当日上、下午分别向副省长、省长汇报，获批准，组织实施。实施方案的目标是在受影响的水厂紧急实施应急除镉净水工程，在水源水镉超标的条件下实现达标供水，以恢复该区域的居民生活供水，为下游水源水可能受到镉污染的城市提供应急除镉净水技术的工程示范。该水厂是广东某公司所属水厂，水厂规模 1.5 万 m^3/d。采用常规净水处理工艺，水厂设施简陋。在建设部专家组、广东省建设厅、水厂和众多技术支持单位的共同奋战下，经过三个阶段的工作，即第一阶段的方案论证与水厂技术改造阶段（实验室试验、安装水厂加碱加酸设备、水处理系统试运行等），第二阶段的水厂设备修复与更新阶段（对水厂已失效的无阀滤池更换滤料、安装混凝剂计量设备等），第三阶段的铝盐除镉与铁盐除镉对比运行阶段（其中受影响水厂净水设施分为两个系列，分别采用铝盐和铁盐混凝剂平行运行，供下游采用不同种类混凝剂的水厂参考），水厂应急除镉净水工程取得了全面胜利。在采用应急除镉净水工艺后，在进水镉浓度超标 3～4 倍的条件下，处理后出厂水镉浓度在 0.001 mg/L 左右，符合生活饮用水标准的要求，并留有充足的安全余量。应急除镉净水工艺投入运行后。南华水厂对居民供水管网又进行了许多天的冲洗（为减少停水对居民生活的影响在水源污染出厂水镉超标期间，居民的饮水由水车拉附近地下水供给，但是水厂仍保持供水，以作为居民冲洗厕所等的生活用水，因此供水管网已被污染）。在广东省卫生监测部门对水厂出厂水及其管网水进行多次水质分析检测，各项水质指标均符合生活饮用水卫生规范之后，广东省政府决定从 2006 年 1 月 1 日 23 时起水厂正式恢复向居民供给生活饮用水。

9.4.2 应急混凝与 pH 控制

对于如下常规净水工艺：水源水一取水泵房一快速混合一絮凝反应池一沉淀池一滤池一清水池一供水泵房一管网，弱碱性条件混凝除镉工艺所需改动是；在混凝之前加碱，加碱点可设在混凝剂投加点之前或同时投加。经试验验证，碱液先投加和与混凝剂同时投加的效果相同，但碱液不得事先与混凝剂混合，以免与混凝药剂产生不良反应。为了准确控制加碱量，现场必须加装在线 pH 计，根据 pH 计测定结果调整加碱计量泵。注意，对于要求控制 pH 的化学沉淀混凝处理，pH 的理论控制点是指混凝反应之后，而不是在投加混凝剂之前，以确保对污染物的化学沉淀去除效果。水厂加碱计量泵设在取水泵房处，在线 pH 计设置在反应池前（混凝剂加药点前），再用便携式 pH 计根据沉后水或滤后水要求确定前设在线 pH 计的控制值。控制加碱的在线 pH 计也可以设在反应池出水处，以精确控制所要求的 pH 值，但因加碱点与反应池出水之间存在水流时间差，调整加碱量的难度加大。对于混凝除镉净水工艺，滤后出水 pH 值的控制目标设在 9.0 左右。在水厂的实际运行中，水源水加碱后 pH 值控制在 9.50，铝盐系统滤后水实际 pH 值在 9.0～9.2，铁盐系统滤后水实际 pH 值在 8.8～8.9（注：因该水厂采用同一个加碱系统，铝盐铁盐两个系统无法分别调整加碱量）。在水源水超标 3 倍条件下，铝盐除镉工艺出水镉离子浓度在 0.001 mg/L 以下，实际值在 0.000 6～0.001 0 mg/L，出水铝离子浓度小于 0.1 mg/L，一般在 0.05 mg/L 左右。铁盐除镉工艺出水镉离子浓度在 0.001～0.002 mg/L，略高于铝盐工艺。该工艺对滤后水的 pH 控制要求较高。试验表明，如果滤后水的 pH 值低于 8.5，因为镉的溶解性增强使去除率下降，可能造成出水镉浓度超标。对于采用铝盐混凝剂的除镉系统，还必须控制滤后水 pH 值不得大于 9.5，否则因为铝盐混凝剂在较高 pH 值条件下会产生溶于水的偏铝酸根，铝的溶解性增加，可能会产生滤后水铝超标问题（饮用水标准铝的限值为 0.2 mg/L）。由于碱性条件混凝处理滤后出水为碱性，需要在滤池出水进入清水池前加入酸回调 pH。加酸点应设在加氯点之前，以免影响消毒效果（碱性条件下，氯化消毒效果降低）。因此在滤池出水管渠中增设加酸点，在清水池进水干管处增设在线 pH 计，由在线 pH 计控制加酸计量泵的加量，把进入清水池的 pH 值调整到预设的 7.5～7.8。

9.4.3　应急混凝剂种类与选取

试验结果表明，混凝剂种类对除镉效果影响不大，只要有效控制 pH 值，铝盐、铁盐混凝剂均匀，可达到满意除镉效果。在水厂应急除镉工程中进行了聚合氯化铝和聚合硫酸铁的平行对比运行。铝盐工艺出水水质好，沉淀池出水的镉浓度和浊度低，水质清澈，滤池负荷低。铁盐工艺出水水质略差于铝盐工艺，原因是该厂反应池的反应条件不理想（孔室反应池），沉淀池出水浊度较高。建议采用铁盐时使用助凝剂，以提高混凝效果。由于混凝剂消耗碱度，特别是酸度较高的液体聚合硫酸铁药剂，加入混凝剂后 pH 值的下降幅度较大，必须准确控制混凝剂的投加量。在水厂的运行中，加入聚合氯化铝后水的 pH 值下降幅度在 0.3～0.4，加入聚合硫酸铁的 pH 值下降幅度在 0.5～0.6。其中，在反应过程中的降低约占 2/3，沉淀过滤过程约占 1/3。实际降低值与原水水质和混凝剂种类及投加量有关。

9.4.4　应急 pH 调整药剂与选取

调整 pH 的碱性药剂可以采用氢氧化钠（烧碱）、石灰或碳酸钠（纯碱）。调整 pH 的酸性药剂可。以采用硫酸或盐酸。因是饮用水处理，必须采用饮用水处理级或食品级的酸碱药剂。碱性药剂中，氢氧化钠可采用液体药剂，便于投加和精确控制，劳动强度小，价格适中，因此推荐在应急处理中采用。石灰虽然最便宜，但沉渣多，投加劳动强度大，不便自动控制。纯碱的价格较高，除特殊情况外，一般不采用。与盐酸相比，硫酸的有效浓度高，价格便宜，腐蚀性低，为首选的酸性药剂。在水厂应急除镉工程中，所用药剂为：食品级 30%NaOH 碱液、食品级 31%盐酸。加碱加酸的药剂费用为 0.03 元/m，3.30%NaOH 碱液在温度约为 5℃时会有结晶析出，造成加碱泵堵塞。如在气温较低的条件下使用，需要对加碱系统进行保温。

9.4.5　水源水微超标应急处理工艺

对于水源水镉严重超标（数倍）的水样，根据在受污水厂进行的实验室烧杯试验结果，如果水样的加碱量较少（预调 pH 值在 9.0 以下），对于较高聚合硫酸铁投加量的水样，沉后水的 pH 值可直接降低到 8.5 以下，其中部分水样的镉离子浓度也可以达标，并且该处理后水已经满足饮用水的 pH 要求，不需再加酸回调 pH 值，可以简化处理工艺。但是，由于该反应条件处于有效除镉 pH 范围的边缘处，处理效果极不稳定，加碱量略少或者混凝剂投量略高都将使 pH 值过度下降，造成出水镉超标。因此该工艺条件除镉处理的保证率较低，如采用需特别谨慎。对于水源水镉超标不严重，最大超标倍数在 0.5 倍以下的水厂，可以采用只少量加碱不再加酸的混凝除镉工艺。例如，北江中游的城市，污染团 2006 年 1 月 7～22 日流经该市，水源水中镉最大浓度 0.006 7 mg/L，该市自来水厂只是在部分时间段少量加碱，使滤后水的 pH 值控制在 8.0 左右，这样处理后不需加酸回调 pH 值，滤后水镉浓度在 0.001～0.004 mg/L，平均为 0.003 mg/L。在北江下游的城市自来水公司的实验室试验和中试中，也研究了只少量加碱不再加酸的混凝工艺，2006 年 1 月 4 日，湖南省湘江某段发生了类似的镉污染事件，一家冶炼厂含镉废水排入湘江，致使一些城市水厂水源水质受到不同程度的污染。根据广东北江应急除镉净水工程的经验，各受影响城市的自来水厂在混凝前投加石灰，以提高除镉效果，有效应对水污染事件。在认真总结松花江和北江水污染事件城市供水应急处理技术的基础上，开展更为广泛的系统研究，以建立可以应对各类污染物的城市供水应急处理技术。根据污染物及其应急处理的技术特性，有关应急处理技术分为以下五类：① 应对可吸附有机污染物的活性炭吸附技术；② 应对金属非金属污染物的化学沉淀技术；③ 应对可氧化污染物的化学氧化技术；④ 应对微生物污染的强化消毒技术；⑤ 应对藻类暴发的强化处理技术。

目前正在编制《应对突发性水源污染事故的城市供水应急处理技术导则》，通过对现有处理技术与经验的总结和进行污染物配水试验研究，确定对饮用水标准所涉及各种污染物所建议采用的应急处理技术和基本参数，以及所需的主要应急处理设施，希望能够为我国的城市供水应急系统建设提供技术支持，并采用了高铁助凝剂提高混凝效果，试验结果出水镉可以达标。突发性水污染事故的应急处置一直受到世界各国的关注。面对不同原因造成的水污染突发性事故，各国学者针对本国情况设计出了一系列的应急措施和处置方法。我国也在 2003 年 5 月 12 日颁布了《突发公共卫生事件应急条例》，为更好地应对突发性卫生事件提供了法律保障。然而我国主要是针对已知的环境问题展开研究和治理，缺乏应对突发性环境污染事故的应急预案和应急技术手段。在外环境事件的风险甄别、处理处置技术及风险防范方面，还处于极为被动的地位。

随着对突发性水污染事故应急处理的深入研究，重点应将问题具体化，增强其可操作性。自来水厂应根据自身的供水能力和影响范围，修建应急处理设施或制定应对各种突发污染事故的改造方案。此外，对可能污染水厂水源的各种有毒有害物质，进行应急处理步骤优化、处理药剂的选取以及药剂投加量测定的小试验，获取能够处理大多数有毒有害物质的实验室数据，录入应急方法数据库。同时，应以地理信息系统 GIS 为平台，建立城市突发性环境事故应急管理及处理系统，为城市应急管理提供更具实用性和可操作性的管理平台，也为保护水源地生态环境安全和城市供水安全提供科学指导。

9.5 结 语

各类水环境污染突发事件，尤以重大流域水体污染最受关注。在处理流域水环境污染事件处置过程中，需要有效合理利用各种环境应急处置技术。完善相关法律法规，定期维护检测设备，保证信息传达畅通，及时处理已发事故并查找事故原因，以防类似事故重复出现。水污染事件的防范是系统化的应急监测与预警及其污染事故处理的及时响应，同利用最先进或最适宜的风险应急处置技术方法，高效快速处理，且在处理过程中不留任何环境污染隐患，是未来需要研究的方向。总结实践经验，不断强化应急处理机制与技术，完善重大流域水环境污染各种应急对策，如松花江、湘江、长江和北江等重大流域水污染突发事件的应急对策，认真探索、评价、总结、记录和备案。根据重大流域水环境监测传递的信息，及时有效地做出相应的应急处置对策，以避免环境遭受不必要的损失。

参考文献

[1] 王岩. 最高立法机关拟从六大方面增强水污染控制措施[N]. 中新社，2007-08-27.

[2] 戚建刚，杨小敏. 松花江水污染事件凸显我国环境应急机制的六大弊端[J]. 法学，2006（1）：25-29.

[3] 赵国清. 外国环境法选编[M]. 北京：中国政法大学出版社，2000.

[4] 崔伟中，刘晨. 松花江和沱江等重大水污染事件的反思[J]. 水资源保护. 2006（1）：1-4.

[5] 朱谦. 突发性环境污染事件中的环境信息公开问题研究[J]. 法律科学，2007（3）：150-158.

[6] 司毅铭，李玉洪. 建立应对黄河重大水污染事件的快速反应机制[J]. 人民黄河，2004（4）：1-2.

第 10 章

污染源—污水厂—河流的流域水环境污染环境事故的处置方法

摘要：从突发性水污染事故应急处置的具体方法展开研究，并从解决污染事故应急筹备的一般程序入手，详细论述了突发性水污染事故应急筹备的具体措施和方法，重点讨论了公众教育和专业人员培养、危险隐患识别、预警模型建立、污染隐患地点的安全保护及政企间的协调等内容。

关键词：水污染　应急筹备　应急响应　应急处理

人类对水的依赖是众所周知的，不论是生活还是生产活动都离不开水，且随着人口的增长和社会经济发展，人类对水的需要将大幅增长。随着社会经济的发展，水污染事件正成为危害人民生存健康的重大环境问题，尤其是突发性的重大水污染事件，不仅对人群安全与生存带来极大危害，而且对生态环境影响极大。对重大水污染事件的处理是一个系统工程，需要从流域整体层面进行统一管理，建立一整套系统的应急工作机制。

自 20 世纪 80 年代以来，随着经济的快速发展，重大水污染事件呈多发趋势。船舶污染事件、工业（排污）污染事件、渔业污染事件、农业污染事件等不断发生。据不完全统计，仅 1990—2001 年长江干流就发生重大船舶污染事件 27 起。2004 年 2 月川化股份公司非法排污造成的沱江污染事件，严重危及近百万人饮水安全。这些重大水污染，不仅危害当地人民生活安全，带来重大经济损失，影响社会安定，同时严重破坏了水生态环境。

一般来说，重大水污染事件是指由于一种或多种物质进入，使得水体自净功能丧失，水质严重恶化，水生态失去平衡，严重影响人类安全与生活的情形。对此，水利部《重大水污染事件报告暂行办法》界定为：大范围水污染；影响或可能影响安全供水；致人群中毒；直接损失在 10 万元以上；影响社会安定等。该界定大致相当于原国家环保总局所规定的重大与特大环境污染与破坏事故。与其他水污染事件相比，重大水污染事件具有必然性、复杂性、不确定性、严重危害性，又有可控性。可控性表现在：① 通过科技手段，提高生产水平，减少污染物的排放。② 通过对生产、运输、销售、存储、使用及废水排放等各个环节制定相应的法规、制度、标准进行规范，减少发生概率。③ 在水污染发生时，通过相应的工程或技术手段加速水体自净过程，减轻危害程度。④ 运用综合管理手段，消除或减轻水污染事件危害。突发性水污染事故就是重大水污染事故的一种。

突发性水污染事故是指由于行为人违反国家环境保护法律法规以及安全生产管理或操作规定，导致污染物排放严重超过国家规定的排放标准，使环境受到污染或破坏，从而影响人们的正常工作和生活，对国家财产和人民生命财产安全构成威胁的事实。

近年来，我国接连发生多起突发性水污染事故，严重影响当地的人民生活、社会稳定和经济发展，如何快速有效地处理突发性水污染事故已成为急需解决的问题。从突发性水污染事故应急处置的具体方法展开研究，并从解决污染事故应急筹备的一般程序入手，详细论述了突发性水污染事故应急筹备的具体措施和方法，重点讨论了公众教育和专业人员培养、危险隐患识别、预警模型建立、污染隐患地点的安全保护及政企间的协调等内容。

造成突发性水污染事故的原因很多，大致包括工业废水排放、负压虹吸、有毒物质排泄、二次供水过程中引起的污染，自然因素如火灾、地震、干旱引起的污染和战争中化学、生物武器造成的污染等。这些原因中有的直接对水体造成污染，而更多的则是通过间接地方式污染水体，如通过地表径流、污染物的沉降等污染地表水和地下水源。此外，污染物随着水体的流动，可能对不同地区造成不同程度的危害，而这些危害在不同地区的持续时间也不相同。

10.1　突发性水污染事故分类

突发性水污染事故按照污染物的性质可以分为：① 剧毒农药和有毒有害化学物质泄漏事故，如 DDT、乐果、氰化钾等；② 溢油事故，如油车泄漏、油船触礁等；③ 非正常大量排放废水事故，如化工厂废水、矿业废水等；④ 放射性污染事故，如放射性废料渗出。

按照事故发生的水域可分为河流污染、湖泊污染、水库污染、河口污染、海洋污染等突发性事故；按发生的范围可分为整个水域（如整个水库）和局部水域（如河道岸边）突发性水污染事故。

10.2 突发性水污染事故的特点

10.2.1 不确定性

① 发生时间和地点的不确定性。引发突发性水污染事故的直接原因可能是水上交通事故、企业违规或事故排污、公路交通事故、管道破裂等造成的，这些事件发生时间和地点的不确定性，决定了突发性水污染事故的不确定性。② 事故水域性质的不确定性。水域可以分为河流、水库、湖泊、河口、海洋和地下水等类型，还有洪水、潮汐、风浪等瞬时水文变化。③ 污染源的不确定性。事故释放的污染物类型、数量、危害方式和环境破坏能力的不确定性。而污染源的这些数据对于应急救援而言是极为重要的，也是水污染事故模拟的基本参数。④ 危害的不确定性。同等规模和程度的水污染事故，造成的污染危害是千差万别的，如污染事故发生地点距离城市水源地很近，城市供水就会中断，其后果将是灾难性的。

10.2.2 流域性

河流具有流域属性决定了水污染事故同样具有流域性。水体被污染后呈条带状，线路长，危害容易被放大。一切与该流域水体发生联系的环境因素都可能受到水体污染的影响，如河流两侧的植被、饮用河流水的动物、从河流引水的工农业水用户、流域内地下水与地表水交换导致地下水污染等。

10.2.3 处理的艰巨性和影响的长期性

突发性水污染事故处理涉及因素较多，且事发突然，危害强度大，必须快速、及时、有效地处理，这对应急监测、应急措施要求更高、难度更大。污染事故得到控制后，对当地的环境和自然生态造成严重的破坏，甚至对人体健康造成长期的影响，需要长期的整治和恢复。

10.2.4 应急主体不明确

由于污染物随流输移，造成事故现场的不断变化，在输移扩散的过程中还可能因为各种水力因素的作用产生脱离，出现多个污染区域。这直接造成了应急主体不明确，例如污染事故发生在两个地区交界的地方，按照快速响应的原则，就近的基层组织或企业应快速组织起来处理事故，但由于协调权力在上一级组织，经过若干次的通报、请示、指示程序，可能已错过最佳的处理时间。

对突发性水污染事故的处理一直受到世界各国的关注。面对不同原因造成的水污染突发性事件，各国学者针对本国的情况作出了一系列应急措施和处理方法，我国也在 2003 年 5 月 12 日颁布了《突发公共卫生事件应急条例》，为更好地应对突发性卫生事件提供了法律保障；然而，我国主要是针对已知的环境问题展开研究和治理，缺乏应对突发性环境事故的应急预案和应急技术手段。在对环境事故的风险甄别、处理处置技术及风险防范方面，还处于极为被动的地位。

当发生水污染事件时首先要确定污染物的种类，要说清污染物随时间与空间的变化，预测出污染物的迁移和变化趋势，设法计算出污染物的总量；采用应急监测，迅速、准确地查明污染的来源、种类、程度、范围，为控制污染蔓延，采取应急处理措施提供正确的信息和依据。由于突发性水污染事故的不确定性，可能未知污染物、污染源、污染范围、污染程度，应急监测需要制定各种监测方案应对各种情况。

10.3　污染源—污水厂—河流的流域水环境污染环境事故的处置程序

由于污染源—污水厂—河流的流域水环境污染环境事故的特点，应急预案及应急方法显得尤为重要。水污染发生后，为降低污染带来的危害和影响，通常会采取一定的措施进行补救。发生水污染事故的应急处理方法有人工（工程）处理法、化学处理法等。人工处理法是将污染物（如燃油、未破损包装的有毒物质）清理及打捞出水或进行拦污隔离等，必要时可采用修筑丁坝、导流堤、拦河坝、围堰等工程措施，改变原来的主流方向和流场，防止污染向外扩散。化学处理法是在污染区域抛洒化学药剂，减轻和净化污染水域。常见的化学处理方法是根据污染物的化学性质确定，酸性物质用碱性物质来中和，如硝酸、硫酸用氢氧化钠处理，氰化物用漂白粉、次氯酸钠处理等；碱性物质用酸性物质来中和；利用氧化还原反应，如用硫化钠处理六价铬；还有就是利用絮凝剂、分散剂、消油剂等加速沉降、分解防止污染物扩散。

对于应急监测，它是环境监测人员在事故现场，根据事故发生的情况，用小型、便携、快速的监测仪器，尽可能短的时间内，做出定性、定量分析，从而确定污染物的浓度、种类、污染范围及其可能带来的危害程度和过程等。对于应急监测的实施，不仅需要应急监测组织保障，而且需要技术支持与质量保障。

（1）控制和消除污染。事件已经发生，后果也已经产生，要完整地还原整个事件的前因后果，就需要根据污染的总体情况来排查行业内的所有相关企业。接下来就是切断与控制污染源并对同类污染源进行限排、禁排。减轻与消除污染，筛选最优的措施来降低污染的影响，避免造成二次污染。

（2）成立专家组，全局性多角度地对突发环境污染事故应急处置做出有针对性的指导。

（3）要有应急措施。突发性水污染事故往往具有很大的不确定性：发生时间和地点的不确定性、事故水域性质的不确定性以及污染源的类型、数量、危害方式和对环境破坏的能力的不确定性。同时，河流的流域属性决定了水污染事故同样具有流域性，也决定了污染影响的长期性和事故处理的艰巨性。

10.4 水污染事故的应急控制措施

环境水污染事故的应急措施一般有控制污染源、保障饮水安全和重要生物种或种群保护。从国际河流发生的水污染事故，可以看出一些典型做法，如尽快提出应急处理措施，为降低损害、损失赢得主动，包括及时向下游通报事故情况，公告告诫住在受污染区的居民面临的危险，立即关闭受污染的自来水厂，采取其他方式为居民提供安全饮用水等。一般情况下，水污染事故发生后，可以充分利用受纳水体的自净容量，使污染物在运移中逐步稀释，从而依靠水体自净能力使污染物得到处理。然而，水体的自净能力是有限的，面对有些突发性污染，单一依靠水体的稀释收效很慢，需要采用人工介入来降低污染的危害程度和范围。① 引水冲污。引水稀释一般是用来解决局部污染问题，芝加哥市把密执安湖的水引入增大芝加哥河的流量后改善了河流水质。② 人工增氧。在污染较重的江口、河段安装增氧设备，辅助河流的自净能力，英国泰晤士河、美国福克斯河以及瑞典的一些湖泊和日本的一些河段都设有增氧设备。③ 疏浚河道。可以避免污染物重返水中，对水体污染控制有积极作用。

突发性水污染事故饮用水水源地应急评估主要是通过对沿江两岸饮用水水源和分散式饮用水水源地的系统调查和模拟分析研究，分析污染事故暴露人群的时空分布特点，建立暴露程度（特征污染物超标倍数、超标历时）与受灾村落的响应关系。并基于人群暴露评估结果，分析污染影响区域、影响人口、影响程度，评估供水水质安全性。

突发性水污染事故对水产品以及农副（畜禽）产品食用安全性的应急评估则主要通过现场调查与室内模拟实验相结合，研究特征污染物在水产品、农副产品、污染区域的土壤等分布、累积与释放规律，建立评估模型，定量评估河流污染事故对水产品、农副（畜禽）产品食用安全性的影响及其程度。

突发性水污染事故生态系统影响评估建立在对生态系统全面调查以及室内特征污染物的生态毒理实验结果的基础之上，以水生生态系统为风险受体，以生物多样性与均匀度等为评价指标，定量评估突发性水污染事故对水生态系统的中长期影响程度。

突发性水污染事故人体健康风险评估则是基于环境流行病学调查的结果，根据人体对特征污染物的不同暴露途径，分别计算各种暴露途径条件下不同暴露介质的人群对某种污染物的日均暴露剂量，定量评估特征污染物的健康风险度。

为了预防和控制这种潜在的水环境风险，准确地预测水体中污染物的迁移和扩散情况是非常必要的。在多种预测方法中，由于数学模型法具有的特点，使它成为风险预测与评价的主要方法。随着水质模型研究的深入，国际上已经有很多成熟的水质模型软件：如美国环保局（USEPA）推荐的适用于一维的 QUAL Ⅱ，WASP；丹麦水动力研究所（DH I）开发的适用于二维的 MIKE21 等。然而这些模型输入参数多，分析工作量大，对于瞬时发生的污染事故风险预测有较大难度。研究通过对水体中污染物迁移转化基本方程作合理简化和数学推导，得出用于鉴别环境危害有无、表征环境危害强弱、描述事故危害情况、估算事故危害区大小和危害期长短的风险评估模式，并利用工程软件 MAT-LAB 来实现污染水团的实时状态模拟。

10.5 水环境污染事故危害影响的判定分析

（1）事故危害鉴别。在距事故源下游某控制断面 X_0 处，要防止发生某级危害（由质量浓度阈值 C_S 确定，单位为 mg/L）则事故排放量必须小于某一阈值，即 $M \leqslant M_3$，由物理概念可知，在控制断面 X_0 处，污染物质量浓度最大发生在 $t = X_0/u$ 的时候，M_3 可以事先计算得出，是特定污染物在特定环境条件下的环境风险鉴别值。M 根据事故现状分析，一经确定便可以作为该事故的环境危害鉴别与确定采取何种对策，日常应对有可能大于 M_3 的危险源特别注意，防止事故的发生在水源地上游的保护中作用尤为明显。

（2）事故危害特征值估算。① 污染水团中心质量浓度大于某级危害阈值质量浓度的总时间（T_M）为事故危害最长时间。② 污染水团质量浓度大于某级危害阈值质量浓度的范围，它是时间（t）的函数，在 $t=\tau$时出现最大。由此可求出危害区最大纵向半径 R_{xm}，危区最大横向半径 R_{ym} 及其出现的位置 x_m。③ 在水速为 u 时，受事故排放污染团危害的河段总长度 $X_M=uT_M$，也即污染团最大危害长度 X_M。

（3）事故排放造成的各断面危害期估算。某控制断面上超过某质量浓度所经历的时间 $\Delta T=t_2-t_1$，其中 t_2 为污染团块后部离开的时间，t_1 为污染团块前部到达的时间。

制订应急监测方案的基本原则：现场应急监测与实验室分析相结合；应急监测技术的先进性和现实可行性相结合；定性与定量、快速与准确相结合；环境要素的优先顺序：空气、地表水、地下水、土壤。第一种情况：已知污染源及污染物，调查受污染的范围与程度的布点要求：可直接测定该污染源或排放口所排污染物在空气、水环境中的浓度，比较简单；第二种情况：已知污染源，未知污染物，调查受污染的范围及其可能造成的危害的布点：可以从了解原材料入手，列出可能产生的污染物，进行监测分析；第三、四种情况：已知污染物，未知污染源，调查污染来源和污染范围；未知污染源和污染物，调查污染来源、种类、范围及可能造成的危害。最快捷的方法就是根据受污染空气、河流的地理环境和周围、沿岸社会环境、工矿企业布局全面布设点位进行排查和监测。

由于污染事故发生时，污染物的分布极不均匀，时空变化大，对各环境要素的污染程度各不相同，因此采样点位的选择对于准确判断污染物的浓度分布、污染范围与程度等极为重要。因此，点位确定应考虑以下因素：① 事故的类型（泄漏、爆炸、火灾等）、严重程度与影响范围；② 事故发生的地点（如是否为饮用水水源地、水产养殖区等敏感水域）与人口分布情况（是否在市区等）；③ 事故发生时的天气情况，尤其是风向、风速及其变化情况。

布点的基本原则：① 采样断面（点）的设置，以掌握污染发生地点状况、反映事故发生区域环境的污染程度和污染范围为目的。一般以事故发生地点及其附近范围为主，同时必须注重人群和生活环境，考虑对饮用水水源地、居民住宅区空气、农田土壤等区域的影响，合理设置参照点。② 对被事故所污染的地表水、地下水、大气和土壤均应设置对照断面（点）、控制断面（点）。对地表水和地下水还应设置削减断面。③ 尽可能以最少的断面（点）获取足够的有代表性的所需信息，同时需考虑采样的可行性。

布点采样方法：

（1）对于地表水污染事故。① 监测点位以事故发生地为主，根据水流方向、扩散速度（或流速）和现场具体情况（如地形地貌等）进行布点采样，同时应测定流量。采样器具应洁净并应避免交叉污染，可采集平行双样，一份供现场快速测定，另一份现场加入保护剂，尽快送至实验室分析。若需要，可同时采集事故地的沉积物样品（密封入广口瓶中）。② 对江、河的监测应在事故发生地的下游布设若干点位，同时在上游一定距离布设对照断面（点）。如江、河水流的流速很小或基本静止，可根据污染物的特性在不同水层采样；在事故影响区域内饮用水和农灌区取水口必须设置采样断面（点）。根据污染物的特性，必要时，对水体应同时布设沉积物采样断面（点）。当采样断面水宽小于 10 m 时，在主流中心采样；当断面水宽大于 10 m 时，在左、中、右三点采样后混合。③ 对湖（库）的监测应在事故发生地、以事故发生地为中心的水流方向的出水口处，按一定间隔的扇形或圆形布点，并根据污染物的特性在不同水层采样，多点样品可混合成一个样。同时根据水流流向，在其上游适当距离布设对照断面（点）；必要时，在湖（库）出水口和饮用水取水口处设置采样断面（点）。④ 在沿海和海上布设监测点位时，应考虑海域位置的特点、地形、水文条件和风向及其他自然条件。多点采样后可混合成一个样。

（2）对于地下水污染事故：① 应以事故发生地为中心，根据本地区地下水流向采用网格法或辐射法在周围一定范围内布设监测井采样，同时视地下水主要补给来源，在垂直于地下水流的上方向，设置对照监测井采样；在以地下水为饮用水水源的取水处必须设置采样点。② 采样应避开井壁，采样瓶以均匀的速度沉入水中，使整个垂直断面的各层水样进入采样瓶。③ 若用泵或直接从取水管采集水样时，应先排尽管内的积水后采集水样。同时要在事故发生地的上游采集一个对照样品。

突发性污染事故由于其发生的突然性、形式的多样性、成分的复杂性，决定了应急监测项目往往一时难以确定。实际上，除非对污染事故的起因及污染成分有初步了解，否则要尽快确定应监测的污染物。

（1）可根据事故的性质（爆炸、泄漏、火灾、非正常排放、非法丢弃等）、现场调查情况（危险源资料，现场人员提供的背景资料，污染物的气味、颜色、人员与动植物的中毒反应等）初步确定应监测的污染物。

（2）可利用检测试纸、快速检测管、便携式检测仪等分析手段，确定应监测的污染物。

（3）可快速采集样品，送至实验室分析确定应监测的污染物。

有时，这几种方法可同时并用，结合平时工作积累的经验，经过对获得信息的系统综合分析，得出正确的结论。

10.6 水污染事故应急监测过程中应注意的问题

（1）发生水污染事故后，环境监测部门应在最快的时间内到现场，制订切实可行的应急监测放案，开展监测工作。方案至少包括以下内容：采样断面、采样方法、检测项目、监测频次、质量保证和质量控制措施、承担检测任务的单位、数据报告制度、报告格式和内容等。另外还应确定现场负责人、实验室负责人及应急监测报告负责人，确保及时、准确、科学地将污染物的信息报告给污染事故处理部门。现场的原始记录中应该：要绘制事故现场的位置示意图，标出采样点位（如有必要，对采样点及周围情况进行现场录像和拍照），记录发生时间，事故发生现场性状描述及事故原因，事故持续时间，采样时间，必要的水文、气象参数（如水温、水流流向、流速、气温、气压、风向、风速等）；记录中，应标明事故单位名称、联系方法，可能存在的污染物种类、流失量及影响范围（程度）。若可能，简要说明污染物的有害特性等信息，还应尽可能收集与突发性环境化学污染事故相关的其他信息，如盛放有毒有害污染物的容器、标签等信息，尤其是外文标签等信息，以便核对。应在记录中按规定格式进行详细填写，监测任务完成后归档保存；原始记录上数据有误需要改正时，应在错误的数据上画出横线，如改正的数据成片，可将其画框线并添加“作废”两字，再在错误数据的上方写上正确的数据，并在右下方盖章或签字。不准在原始记录上涂改或撕页。原始记录应有统一编号，个人不准擅自销毁；参加应急监测人员必须具有严肃认真的工作态度，对现场原始记录负责，做到及时记录信息，不应以回忆的方式填写；每次报出数据前，原始记录必须有测试人的签名；为适应应急监测快速报告的需要，可采用边采样、边分析、边汇总、边报告的方式进行；保证信息的完整性。主要包括环境条件、分析项目、分析方法、分析日期、样品类型、仪器名称、仪器型号、仪器编号、测定结果、分析人员、校核人员、审核人员签名等。

（2）在对河道进行监测时，上下游水质采样位置应尽量在相同位置上，如同在中泓线处，或同在左、中、右岸有明显水流处，上、下游数据才有可比性。避免上游断面在中泓线处采样，下游断面在左、中或右岸采样，会导致监测数据不吻合，监测部门难以科学解释。

（3）采样、运输器材要避免玷污样品，带来实验误差。对于挥发性有机污染物，要尽快分析，避免待测物质损失。

对于流域来说，要重点整治工业污染源，合理调整工业结构和布局、优化资源配置，运用区域非均衡理论，环境经济学理论等，建立小流域经济社会发展—生态环境保护协调发展模式，减少污染严重、生产工艺落后企业的数量。大力推行清洁生产，对工业企业，结合产业结构调整，提倡循环经济发展模式，认真制定清洁生产、循环经济推进计划，严格按照促进循环经济的相关政策、标准和法规。实行水污染浓度控制、总量控制双轨制，建立并规范排污交易市场，推行排污交易制度。实行污染物排放总量控制，是保证实现水功能区划环境保护目标的需要。总量控制可根据保护目标的不同要求，因地制宜，实施总量控制系统内的污染物交易政策。重视流域污水资源化，通过充分利用污水资源化技术，合理规划污水回用工程等来实现污水的资源化。

10.7 结　语

总之，要建立综合决策保障机制。坚持可持续发展战略，促进环境与经济的协调发展，建立重大决策环境影响评价制度和公众参与制度，建立有关环境问题的重大决策监督与责任追究制度，健全环境保护机构，增强执法力量。实施主要污染物排放总量控制保障机制。污染物总量控制指标应结合排污许可证制度的实施，将总量控制指标最终分解落实到排污单位，并建立相应的重点污染源排放实时监控手段，确保总量控制指标的落实。另外还要建立流域环境科学的技术保障机制，健全环保资金筹措保障机制，完善监督检查保障机制，加强环境法制建设，落实政府环保目标任期责任制，加强宣传教育，提高公众环保意识和参与程度。随着对突发性水污染事故应急处理体系研究的深入，还应着手重点研究突发性水污染事件发生后的应急处理措施。应加强对主要风险源的辨别能力，加强对事故性排放的实时快速监测能力以及加强应急处置技术的研究，以确保在突发性水污染事故发生后，利用完备的应急筹备基础，合理使用现有的技术手段对污染进行处理，更好地保护生态环境安全和流域水环境安全。

参考文献

[1] Norton R L，Oakes D B，Cole J A. Pollution risk management for resource protection[J]. Water Science and Technology，1996，33（2）：119-131.

[2] Martin P H，LeBoeuf E J，Dobbins J P，et al. Development of a GIS-based spill management information system[J]. Journal of Hazardous Materials，2004，112：239-252.

[3] [3]Rooney R M，Bartram J K，Cramer E H，et al. A review of outbreaks of waterborne disease associated with ships：evidence for risk management[R]. Public Health Reports，2004，19：435-442.

[4] 王严，刘玉敏. 北京市饮水污染危险指数的建立及应用[J]. 中国预防医学杂志，2003，4（1）：41-43.

[5] 张羽，张勇，杨凯. 基于时间特征指数的水源地突发性污染事件应急评估方法研究[J]. 安全与环境学报，2005，5（5）：82-85.

[6] 丁贤荣，曾贤敏，陈永，等. GIS 与数模集成的水污染突发事故时空模拟[J]. 河海大学学报，2003，31（1）：203-206.

[7] 张兰芬，邵方，谢春，等. 南京市自来水供水管网管理系统[J]. 国土资源遥感，2002，（3）：75-77.

[8] 王耕. 城市重大环境风险事故应急救援系统的设计——以大连市为例[J]. 自然灾害学报，2004，13（2）：119-124.

[9] 钱宁，万兆惠. 泥沙运动力学，1 版[M]. 北京：科学出版社，1983.

[10] 周孝德，韩世平，陈惠君. 环境因素对滇池底泥磷吸附的影响[J]. 水利学报，1998，（增刊）：12-17.

[11] 张锡辉. 水环境修复工程学原理与应用[M]. 1 版. 北京：化学工业出版社，2002.

[12] 李敏，韦鹤平，王光谦，等. 长江口、珠江湾水域沉积物对磷吸附行为的研究[J]. 海洋学报，2004，26（1）：132-136.

[13] 陈淑珠，钱红，张经. 沉积物对磷酸盐的吸附与释放[J]. 青岛海洋大学学报（自然科学版），1997，27（3）：413-418.

第 11 章

流域水环境污染事故的事故后评价方法

摘要：近年来，我国江河流域突发性水质污染事故频发，成为我国面临的最严重的环境问题之一。江河水源地突发性水质污染事件的风险评价是确保饮用水水源地水质安全的重要手段，对突发性水质污染事故，应采取适当的应急处理措施以及合适的事故后评价方法。

关键词：饮用水水源地　水质污染事故　环境风险评价

水污染事故不同于一般的水污染，它没有固定的排放方式和排放途径，突然发生、来势凶猛，在瞬时或短时间内大量地排放污染物质，对水体造成严重污染和破坏。流域水环境污染事故的事故后评价十分重要。

11.1　突发性水环境污染事故的特征

（1）不确定性。突发性水污染事故的不确定性表现在四个方面：① 发生时间和地点的不确定性。引发突发性水污染事故的直接原因可能是企业违规或事故排污、水上交通事故、管道破裂等造成的，这些事件发生时间和地点的不确定性，决定了突发性水污染事故的不确定性。② 事故水域性质的不确定性。水域可以分为河流、湖泊、水库、海洋和地下水等类型，还有洪水、潮汐、风浪等瞬时水文变化。③ 污染源的不确定性。事故释放的污染物类型、数量、危害方式和环境破坏能力的不确定性。④ 危害的不确定性。同等规模和程度的水污染事故，造成的污染危害是千差万别的，如污染事故发生地点距离城市水源地很近，城市供水就会中断，其后果将是灾难性的。

（2）流域性。河流具有流域属性决定了水污染事故同样具有流域性。水体被污染后呈条带状，线路长，危害容易被放大。与该流域水体发生联系的环境因素都可能受到水体污染的影响，如河流两侧的植被、饮用河流水的动物、从河流引水的工农业水用户等，甚至流域内地下水通过与地表水的交换也可能导致地下水污染等。

（3）处理的艰巨性和影响的长期性。突发性水污染事故处理涉及因素较多，一次排放量也较大，发生又比较突然，危害强度大，因此处理这类事故必须快速及时、措施得当有效。即使污染事故得到及时控制后，其对当地的环境和自然生态也可能造成严重的破坏，甚至会对人体健康造成长期的影响，需要长期的整治和恢复。

（4）危害。突发性污染事故瞬时大量泄漏、排放有毒有害物质，如果事先没有采取防范措施，在很短的时间内往往难以控制，因此其破坏性极强，不仅会打乱一定区域内的正常生活、生产秩序，还会造成人员伤亡、国家财产的巨大损失和生态环境的严重破坏。

（5）应急主体不明确。由于污染物随水迁移，造成事故现场的不断变化，在输移扩散的过程还可能因为各种水力因素的作用产生脱离，出现多个污染区域，这直接造成了应急主体不明确。特别是当污染事故发生在两个地区交界的地方，按照快速响应的原则，就近的基层组织或企业应快速组织起来处理事故，但由于协调权力在上一级组织，经过若干次的通报、请示、指示程序，可能已经错过最佳的处理时间。

11.2 突发性水环境污染事故的分类

根据分类方法的不同，突发性水环境污染事故可分为不同类型。按污染物的性质可以分为以下几种：① 剧毒农药和有毒有害化学物质泄漏事故，如 DDT、乐果、氰化钾等；② 溢油事故，如油车泄漏、油船触礁等；③ 非正常大量排放废水事故，如化工厂废水、矿业废水等；④ 放射性污染事故，如放射性废料渗出。

11.3 事故后水流域环境污染评价

流域水环境具有开放性的特点，在承担供水职能的同时，还兼顾航运、灌溉、纳污等诸多功能，这些都对水源地水质安全构成了潜在威胁，导致我国主要流域重大突发性水污染事故屡有发生。这些突发性环境事故造成的水质污染，严重破坏了水域环境，特别是严重污染了饮用水水源，因此加强饮用水水源地突发性水质污染事故的科学研究、影响评价与应急管理，已成为当务之急。对大多数的流域饮用水水源地来讲，可能发生突发性水质污染事故威胁的类型主要有以下几种：① 近岸工厂发生事故排污；② 废水处理厂事故排污；③ 水陆交通运输工具碰撞倾翻事故排污；④ 潮汛和水灾引起的大面积非点源污染；⑤ 恐怖主义与人为投毒等。对于不同的饮用水水源地，分析其影响源进而采取得当的应急措施是保证饮用水水源地安全的重要方面。

11.4　事故后水质污染源分析

江河流域饮用水水源地突发性水质污染事故环境影响评价是指对威胁江河饮用水水源地取水口水质安全的影响事件的预测评价，它主要包括以下四个方面内容。

（1）水源地突发性水质污染事故影响辨识。利用收集到的饮用水水源地所在江河流域水环境状况、水文气象条件、水源保护区范围和排污口设置等图文、数据并结合水源地的实际特点，通过对水源地周围自然环境、地理环境及产业布局进行多种影响因素的识别分析，从复杂的环境背景中确定出水源地周围突发性水质污染事故的影响因素和影响类型。

（2）水源地突发性水质污染事故源分析。确定最大可信突发性水质污染事故和事故排放源强。

（3）水源地突发性水质污染事故后果计算。结合水源地突发性水质污染事故的类型和事故排放污染物的种类，通过定性分析或定量计算的方法对突发性水质污染事故的危害后果进行预警预报，从而预测出突发性水质污染事故对江河饮用水水源地取水口水质的影响程度与影响范围。

（4）水源地突发性水质污染事故影响评价。在水源地突发性水质污染事故概率预测和水源地突发性水质污染事故危害分析的基础上，得出整个水源地影响评价的综合结果。针对性地制定控制措施等，目标是从源头上降低影响事件的发生频次和减缓污染强度。

11.5　突发性水污染事故预警模型与事故后分析

对大多数江河饮用水水源地来说，它们很大部分都布置在大中型河流中，其突发性水污染事故模拟模型可采用二维水流—水质模型。突发性水质污染事故后，需要对事故处理的环境污染影响进行新的评价，指出突发性水质污染事故危害分析的基础，得出整个水环境影响评价的综合结果。针对性地制定控制措施等，目标是从源头上降低影响事件的发生频次和减缓污染强度。

11.6 事故后污染源影响再评价

（1）事故后危险源辨识

根据《重大危险源辨识 GB 1821—2000》，危险物质定义为“一种物质或若干种物质的混合物，由于它的化学、物理或毒性特性，使其具有易导致火灾、爆炸或中毒的危险”，重大危险源是指“长期地或临时地生产、加工、搬运、使用或储存危险物质，且危险物质的数量等于或超过临界量的单元”。上述标准不适用于突发性水污染事故的危险辨识，但可沿用其危险物质的定义，把突发性水污染事故危险源定义为“可能由于泄漏、爆炸、火灾等原因导致危险物质破坏水环境质量的生产装置、设施、运输工具或场所”。一般采用列表法分析确定某河流的危险源，从河流被污染的途径外推进行危险源辨识，列出评价水域所有可能造成水污染的危险因素，如交通运输、工业生产、农林生产等。

（2）事故后影响评价

污染源影响评价方法有概率评价法、模糊评价法、指数评价法等。本文提出一种新的基于概率评价法的影响度评价法。

① 概率评价法。特定水域的危险源影响评价，包括所有可能造成该水域污染的事故出现的概率，如式（11-1）所示：

$$R = 1 - \prod_{i=1}^{n}(1 - P_i) \tag{11-1}$$

式中，R 为发生事故的概率；P_f 为第 i 种危险源发生污染事故的概率；R_i 为发生污染事故；n 为水域存在危险源种类。

② 影响度评价法。我国河流突发性污染事故中由交通事故引起的占相当的比例，如货车车祸、轮船翻船对河流水污染事故造成的环境后果的计算，以危险河段长度作为事故后果计算，危险河段长度按照瞬时点源一维稳态河流水质模型计算。比照水质标准，计算累计超标河段长度为危险河段长度。

$$C(x,t) = \frac{M}{A\sqrt{4\pi E_L t}} \exp\left[-\frac{(x-ut)^2}{4E_L t}\right] \tag{11-2}$$

式中，C 为污染物浓度（mg/L）；M 为污染物质量（g）；A 为断面面积（m^2）；E_L 为纵向离散系数（m^2/s）；u 为平均流速（m/s）；t 为计算时间（s）。

通常认为危害后果仅以危险河段长度作为计算指标是难以反映实际危害后果的，因为河流各河段的用水功能不同，污染事故的危害后果显然不同，应急措施也无法等同对待，如生活用水取水段与工业用水取水段，因而引入加权危险河段长度和河段危害权重两个概念，河段危害权重表征特定河段危害后果的严重性。

11.7　突发性水污染事故后应急处理评价

突发性水污染事故后应急处理评价是对环境污染事故处置后的全面评价。流域突发性水质污染事故应急处理，主要是指政府、水行政主管部门和水厂应对突发事故的一系列举措包括响应、处理和保障等，目的是减轻事故危害，降低财产损失，控制破坏程度，以尽可能快的速度和小的代价终止紧急状态，恢复到正常状态。通过环境污染事故处置后的全面评价可以汲取教训，提高应急处理水平。

（1）应急响应机制。首先发现突发性水质污染事故的单位和个人应立即向当地水行政主管部门报告，紧急情况下，可以直接报告省、市应急处置领导小组。接到突发性水质污染事故汇报后，事发地水行政主管部门立即采取相应控制措施的同时，及时如实地向当地政府报告，初次报告最迟不得超过发现突发性水质污染事故后 1 h，同时通告沿途相关单位和部门。接到报告后，事发地所属环保部门的应急监测小组应携带水质污染事故专用监测设备，在最短时间内（最长不得超过 2 h）赶赴现场，参与现场实时监测与跟踪监测。按照江河饮用水水源地突发性水质污染事故严重性和紧急程度，由高到低划分为特别重大水质污染事故（I 级）、重大水质污染事故（Ⅱ级）、较大水质污染事故（Ⅲ级）和一般水质污染事故（Ⅳ级）4 个级别并分别启动不同的应急机制。

（2）应急处理机制。① 事发地水行政主管部门和水利系统应急处置领导小组，及时通知可能受突发性水质污染事故影响的饮用水水源地自来水厂，立即停止取用长江水源，启用备用水源或储备水源，事发地环保部门应急监测人员加强地区长江水质监测频次。② 事发地水行政主管部门和水利系统应急处置领导小组采用现代传媒如电视、电台等迅速通知和发动将要或可能受影响群众储备饮用水。③ 事发地水行政主管部门和水利系统应急处置领导小组根据水情、水质变化情况。及时关闭或封堵事发地上下游范围内沿江区域内所有通江涵闸、泵站，确定闭口封堵事故排污源或大引大排冲污稀释方案，必要时可采取打坝封堵办法，尽力将事故排污源封闭在较小范围内，防止事故排放污染物随水流进入内河。④ 事发地水行政主管部门和水利系统应急处置领导小组确定大引大排冲污方案时，事发地上游各通江涵闸应加大力度抢高潮引水，抢低潮排水，尽快把污水团排入江河稀释。

11.8 结 语

水环境污染事故后应急处理评价是对环境污染事故处置过程的全面评价。污染事故应急处理涉及政府、水行政主管部门、污染源企业、水厂应对突发事故的一系列举措包括响应、处理和保障等，在减轻事故危害、降低财产损失、控制破坏程度等方面应该进行全面的评估，评价水环境事故处理与处置过程中是否以最快的速度和小的代价终止紧急水环境风险状态，恢复到正常状态。同时，通过环境污染事故处置后的全面评价可以汲取教训，提高应急处理水平。

参考文献

[1] 王斌，张符. 天津近岸海域水污染评价[J]. 环境监测管理与技术，2011，23（2）：28-31.

[2] 李立军，马力，张晶，等. 吉林省松原市地下水污染评价及污染因素分析[J]. 地球学报，2014，35（2）：156-162.

[3] 李政红，张胜，毕二平，等. 某储油库地下水有机污染健康风险评价[J]. 地球学报，2010，31（2）：258-262.

[4] 徐建国，朱恒华，徐华，等. 山东省汶泗河冲洪积平原地下水污染评价与安全供水对策[J]. 山东国土资源，2011，27（5）：20-24+29.

[5] 马荣，石建省. 模糊因子分析在地下水污染评估中的应用——以河南省洛阳市为例[J]. 地球学报，2011，32（5）：611-622.

[6] 张兆吉，费宇红，郭春艳，等. 华北平原区域地下水污染评价[J]. 吉林大学学报（地球科学版），2012，42（5）：1456-1461.

[7] Jan Cools，Steven Broekx，Veronique Vandenberghe Coupling a hydrological water quality model and an economic optimization model to set up a cost-effective emission reduction scenario for nitrogen[J]. Environmental Modelling & Software，2011（26）：44-51.

[8] Tewodros Rango，Gianluca Bianchini，Luigi Beccaluva et al. Geochemistry and water quality assessment of central Main Ethiopian Rift natural waters with emphasis on source and occurrence of fluoride and arsenic[J]. Journal of African Earth Sciences，2010（57）：479-491.

第 12 章
污染源数据库与流域水环境污染环境事故的应急决策支持方法

摘要： 阐述了相关污染源数据库建立的技术 GIS/ECD IS，AIS 和 ES 技术，同时在总结流域突发性水污染事故特点和应急技术的基础上，针对某研究流域水环境污染提出了应急体系的构想。体系包括 3 个方面：风险源识别管理与数据库构建、突发水污染事故预警和突发水污染事故应急处理处置。通过介绍数据库的建立技术，结合流域水污染事故的应急流程讨论，实现对突发性环境污染事故进行及时、准确、有效的救援，为环保决策部门提供科学依据。

关键词： 污染源数据库　应急体系　突发　水污染事故

水环境污染事故是指因突发的人为或者自然灾害导致污染物进入水环境。造成水环境恶化，致使水生态系统受到危害并影响水资源的有效利用，进而对经济社会的正常活动构成严重威胁的事故。突发性水环境污染事故主要表现为发生、发展、危害的不确定性，流域性、影响的长期性和应急主体不明确等显著特征。近年来，随着社会经济的快速增长，环境安全领域的隐患逐渐增加，给水环境带来了许多具有不确定性的负面影响，突发性水环境污染事故亦呈上升趋势。因此，如何应对突发性水环境污染事故已经引起政府的高度重视并成为水资源保护工作的当务之急。建立污染源数据库和确立流域水环境污染事故的应急决策支持方法，对处理水污染事故起着非常重要的作用。

水环境污染事故的类型主要有船舶泄漏燃油或化学品事故；突发性农业面源污染问题；沿岸化学品泄漏事故；恐怖主义和投毒等人为风险因素。水源地污染事件的后果危害巨大，不仅对水源地生态环境安全构成严重威胁，而且有可能在短时间内迅速影响城市供水系统，产生城市停水等事件，对一个城市社会经济系统造成重大影响，并引发重大社会问题。近年来，我国重特大水环境污染事故频繁发生，形势十分严峻。

中国环境突发污染事件已进入一个多发期，《国务院关于实施国家突发公共事件总体应急预案的决定》的出台标志着中国的应急管理进入了一个新阶段，由原国家环保总局制定的“国家突发环境事件应急预案”也于 2006 年被国务院批准，并已在全国范围内普遍实施。

12.1 污染源数据库的概述

为了规避突发性环境污染事故给人民生命财产带来的影响及损失，人民政府正在组织有关部门建设“环境应急决策支持系统”。该系统是一种以计算机为工具，应用决策科学及有关学科的理论与方法，以人机交互方式解决半结构化和非结构化决策问题的信息系统；其主要作用就是当突发性环境污染事故发生后，辅助决策者通过调用在线监测数据、预测模型、方法库、知识库和数据库等各种信息资源和分析工具，为决策者提供支持决策活动所需要的方案、信息及其有关材料。

应急决策支持系统包括多个系统，数据库子系统，模型库子系统，方法库子系统，对话管理子系统等。以下主要介绍污染源数据库。

12.2 建立污染源数据库的目的

为切实加强环境监督管理，实现主要污染物减排目标，我国全面展开了污染源普查工作，建立污染源数据库。污染源数据库的建立，是为了全面掌握各类污染源的数量、行业和分布，主要污染物及其排放量、排放去向、污染治理设施运行状况、污染治理水平和治理费用等情况，为污染治理和产业结构调整提供依据；为科学制定环境保护政策和规划，加强和改善宏观调控提供依据，为制定经济社会政策提供依据。

12.3 污染源数据库建立与 GIS/ECDIS、AIS 和 ES 技术简介

现在了解比较透彻、应用比较广泛地建立数据库系统的技术如下：

12.3.1　地理信息系统/电子海图显示与信息系统（GIS/ECD IS）

地理信息系统（GIS）是一种基于计算机的工具，它可以对在地球上存在的东西和发生的事件进行成图和分析。GIS 技术把地图这种独特的视觉化效果和地理分析功能与一般的数据库操作（如查询和统计分析等）集成在一起。这种能力使 GIS 与其他信息系统相区别，从而使其在广泛的公众和个人企事业单位中解释事件、预测结果、规划战略等中具有实用价值。

ECD IS 即电子海图显示与信息系统，是 GIS 在航海领域的一个衍生应用，近年来发展迅速。它主要结合了 AIS 信息源，利用国际电子海图标准，不仅能提供连续的实时船位及船舶相对于周围物标的位置信息，还能提供与航海安全有关的各种信息。

12.3.2　船舶自动识别系统（AIS）

依托全球定位系统（GPS），通过其系统的空间站、地面站的计算机和船上的 GPS 接收机接收 GPS 卫星信号，确定船位。运用自组织时分多址接入（SOTDMA）技术，将船名、呼号、海上移动识别码、IMO 号码（如可用）、船长、船宽和船舶种类等船舶静态信息；船位、航速、航向、船艏向、航行状态及转向率等船舶动态信息；吃水、危险货物（种类）、目的港和预计抵达时间（ ETA ）等与航次有关的信息和与安全有关的短消息，由甚高频（VHF）中 87B、88B 频道向附近水域船舶及岸台广播，使相关船舶及岸台能及时掌握附近所有安装该设备船舶的动、静态信息，得以立刻互相发现、识别、跟踪和沟通。

12.3.3　全球定位系统（GPS）

通过其系统的空间站、地面站的计算机和用户的 GPS 接收机接收 GPS 卫星信号，确定物标的空间三维位置信息。

12.3.4　全球移动通信系统（GSM）

由于 GSM 系统拥有许多技术上的优点，因此在推出后，很快地被世界上许多国家所采用。在发展的过程中，GSM 系统的功能不断得到丰富，提供更多样的服务。其引入的短信服务（SMS）、基于电路交换的数据业务和传真服务、WAP 协议下手机访问互联网的应用以及通用分组无线服务（GPRS）使得 GSM 系统能够以效率更高的分组方式提供数据通信。近年来，EDGE 技术开始商用，提供了接近 3G 的数据通信能力。因此，运用 GSM 可以实现各种信息数据在全球范围及时的以无线方式进行通信交换，并且可以将这些信息数据进行加密传输。

12.3.5 ES 专家系统

ES 专家系统是一种以知识为基础，能对某一专门领域的问题提供专家级解决办法的计算机程序。它面向现实世界中哪些需要专家来分析、求解的半结构化或非结构化的复杂问题。利用 ES，可确保一切有关的信息都能得到考虑，并使少数专家的知识更容易为决策者所用。另外专家系统的评价过程是透明的，大量的和各种各样的信息可以用始终如一的方式处理。但是 ES 也存在一些根本的缺陷：① 只能处理半结构化或非结构化的问题，不能处理结构化的问题；② 数学计算能力不强，更不具备处理空间信息的能力；③ 推理速度比较慢。

现在，各有优势、存在一定的互补性的 GIS/ECD IS、AIS 与 ES 密切结合，它们的集成将有助于扬长避短，从而增强整体功能。实际上，GIS/ECDIS、AIS 和 ES 技术是 ES 技术在 GIS /ECD IS、AIS 中的一种应用，包括电子地图（海图）设计、物标影像特征描述、船舶相关信息、智能数据库管理和空间决策分析等。它对 GIS/ECD IS、AIS 有 4 个重要作用：① 为 GIS/ECD IS 提供智能界面，即按需要设计有效的操作程序，以驱动 GIS/ECD IS 进行空间分析；② AIS 提供停泊在码头上或附近水域船舶装载危险品、有害物质或污染物种类等的信息；③ AIS 广播船舶相关信息和 GSM 传输信息的速度非常快。④ 进行启发式推理，这也是专家系统的主要功能。

12.3.6 GIS/ECD IS、AIS 与 ES 集成系统的实现

目前，GIS/ECD IS、AIS 与 ES 的集成所采用的体系结构主要有两种形式：嵌入结构和对称结构。对称结构相对嵌入结构方法更为简单并易于开发。因此，一般选用对称结构的集成方法是比较有利的。其特点是 GIS/ECDIS、AIS 与 ES 保持相对独立完整，两者有一共同的用户界面，并通过公共接口模块完成特定的功能。GIS/ECD IS、AIS 被用来产生空间数据库并作为空间分析和显示的工具，而专家系统则被用来产生面向应用领域的知识库，并利用其推理机理进行启发式推理。同时，ES 也可用来产生命令文件，以驱动 GIS/ECD IS 的操作。

污染源数据库的建立，对我们在面对突发性污染事件时，处理有很大的帮助，

同时在突发性环境污染事件的预防中起到重要的作用。我们需要将污染源数据库建立得更加完善。

12.4 流域水环境污染事件的探索

现在各地区水域管理非常需要一种高效、快速、准确的事故应急决策系统，来应对突发性环境污染事故的预防、监测、应急处理及善后工作，这也是最大限度地减少各项损失的关键。目前，虽然我国对突发性环境污染事故的预防应急监测与处理等方面已经取得了不少研究成果，并建立了一些事故应急管理数据库系统，但在新技术不断涌现和事故原因日益复杂化的情况下，大多并不能充分满足事故应急决策的需求，不能为环境管理者提供快速有效的辅助决策。

12.5 突发性水污染事故特点

突发性水污染事故其特点主要表现为发生、发展、危害的不确定性，流域性、影响的长期性和应急主体不明确等显著特征。

12.5.1 不确定性

① 发生时间和地点的不确定性；② 事故水域性质的不确定性；③ 污染源的不确定性；④ 危害的不确定性。

12.5.2 流域性

河流具有的流域属性决定了水污染事故同样具有流域性，水体被污染后呈条带状，线路长，一切与该流域水体发生联系的环境因素都可能受到水体污染的影响，如河流两侧的植被、饮用河水的动物、从河流引水的居民饮用水及工农业用水等。

12.5.3 影响的长期性和处理的艰巨性

突发性水污染事故处理涉及因素较多，且事发突然，危害强度大，对于大型流域，由于水体容量大，处理难度相当大，很大程度上依靠水体的自净作用减缓危害，需要长期的整治和恢复。

12.5.4 应急主体不明确

污染物随流输移，造成“事故现场”的不断变化，在输移扩散的过程还可能因为各种水力因素的作用而产生脱离，出现多个污染区域，这直接造成了应急主体不明确。

12.6 分析具体水环境概况

不同的水域环境，对于环境污染事件的应急情况不同。针对某一具体的水域，要知道水域的地理位置，水域的走向，长宽，面积及其与其他各地水域的连接情况。分析它的环境污染情况，要将其与当地的经济发展，各行各业的发展状况，带来的水污染情况，水质、河流、湖泊等相关联起来，然后分析该水域的污染情况，然后再作出合理的水污染治理方案和数据库构建方案。

12.7 某水域突发性水污染事故应急体系构建

12.7.1 基本思路

结合该水域污染源和污染特征，再对该水域监控网络和突发性水污染事故应急现状分析的基础上，以保障南水北调东线该水域输水水质安全为核心，进行该流域突发水污染事故风险源识别管理与数据库构建、应急监控网络优化、突发水污染事故预警系统、突发水污染事故应急处理处置等内容研究，构建该流域突发性水污染事故应急体系。

12.7.2 风险源识别管理与数据库构建

风险源是事故的源头，是危险物质集中的核心，有效识别风险源是事故预防和处置的前提。对流域事故风险源进行排查，采用合适的方法对风险源进行辨识，识别出风险源的风险等级，对风险源信息汇总，构建数据库是风险源识别管理的主要内容。

（1）风险源辨识和风险分析评价。目前常用的风险源辨识方法包括询问交谈、问卷调查、现场观察、查阅有关记录、获取外部信息、工作任务分析、材料性质和生产条件分析、系统安全分析和风险评价法等多种方法，从某种程度上说，SCL（检查表），HAZOP（危险可操作性研究），ETA（事件树），FTA（事故树）是比较规范的风险源辨识的方法。

风险源辨识的方法很多，各种方法从切入点和分析过程上，都有其各自的适用范围或局限性，在辨识风险源的过程中，使用一种方法不足以全面地识别其所存在的风险源，必须综合地运用 2 种或 2 种以上的方法。结合该流域的自然环境概况，全面调查流域内的固定源、移动源，具体到各类危险品的种类、存放地点、理化性质、毒性毒理、环境行为，以及导致事故发生的可能途径、危害范围、发生概率等，并对其分类分级。

风险评价是对危险出现可能性的评价。风险源风险评价方法有模糊评价法、概率评价法、指数评价法等。根据工厂重大环境污染事故隐患风险评价是一多级多指标评价体系，且具有模糊性的特点，引入模糊优选理论，提出风险模糊评价方法，并应用于大连市 4 家重点工厂的环境污染事故风险评价。应用故障树分析法分析评价天然气终端泄漏的风险，并以此可以确立适合的风险处置与处理措施。同样 Dokas 等以故障树对固体废物填埋作业风险进行分析，并结合模糊专家系统和全球网络技术，建立了一个有效地应对垃圾填埋作业风险的新型预警与应急系统。张羽等提出了对突发性污染事件的危害影响程度进行应急评估的“时间特征指数”方法。选取了泄漏物质危害性、泄漏量、泄漏位置、流速和风速 5 项评估指标，计算得出能够反映突发性污染事件对取水口危害威胁性的综合指数。并用此法对上海市黄浦江上游水源地一起突发性污染事件进行了案例评估，结果表明该方法具有一定的科学性和可行性。风险源的风险分析评价是突发性水污染事故应急系统重要组成部分，结合该流域水文地质情况和各风险源的特点，研发适于该流域风险源的风险分析方法，排查流域的所有风险源，并与新上项目的环境影响风险评价相结合，可使评价工作简单可行。

（2）风险源数据库构建。数据库构建是水污染事故预警体系必不可少的一部分，能在突发水污染事故的预警和应急中起到关键作用。关于风险源数据库的构建目前已有很多研究，如绕清华等在大量基础信息调查的基础上以闽江流域的 GIS 为平台，建立区域内污染源基本情况、基本环境质量信息、环境危险隐患、重要敏感目标、社会经济状况等信息动态数据库，该数据库具备动态模糊查询、时空分布表达、数据关联分析等功能。肖彩等在以汉江武汉段为例研究水质预警系统时，曾建立了河流空间数据库和属性数据库，该数据库能为河流水环境的管理和决策提供科学依据，王存美等设计的环境应急数据库由基础信息数据库、基础地理信息数据库和安全信息数据库组成，每个子数据库又包含相应的内容。

在对该流域风险源、水文水质和应急组织能力调研的基础上，建立基于 GIS 平台的环境信息数据库，该数据库包括流域内的污染源的基本情况、基本环境质量信息、环境危险隐患、重要敏感目标、法律法规、企业政府的预警应急能力以及往年发生的事故案例等。同时该数据库具备动态模糊查询、时空分布表达、数据关联分析等功能，并能够对数据实时更新，当事故发生时，可以为应急工作的开展提供决策依据。

12.7.3 突发性水污染事故预警体系构建

近年来，利用网络、GIS、遥感、计算机仿真等先进的信息技术，建立突发性环境预警应急系统保障环境安全，已成为环境保护领域的研究热点。20 世纪 90 年代沿多瑙河的 11 个城市相互合作建立了多瑙河事故预警应急系统（AEWS），除乌克兰外每个国家建立 1 个国际主要预警中心（PIAC），乌克兰因为其特殊的地理位置建立 2 个国际主要预警中心，此系统能够提供越界水污染事故的信息，确保河流沿线的负责单位及时做出处理处置。我国从 90 年代中期开始对环境污染预警系统进行研究，其后发展迅速。李佳等在钱塘江建立了基于流场和水质模型及地理信息系统理论为依据的水质预警预报系统，该系统可实现污染物迁移扩散的常规预报和污染物突发事件的模拟，实现了模拟结果在系统中的实时动态可视化，为河流水环境管理和决策提供科学依据。窦明等以信息技术为基础建立的汉江水质预警系统具备对汉江水质实时监控、水污染事故应急响应、水资源优化调度和水环境综合管理等功能。LI 等提出了在太湖流域建立预警系统的构思，其基本思路是在上海、江苏、镇江分别建立包含信息网络系统、技术支持系统和风险管理系统三部分的预警体系，这三部分紧密联系，为太湖流域水污染预警应急系统的建立提供参考。

在综合该研究流域已经存在的预警体系的基础上，以计算机技术为依托，根据风险源调研和风险分析与评价研究成果，构建适于该流域突发性水污染事故预警指标体系，然后根据各监测断面指标的动态数值，结合风险识别和管理研究成果分析风险源的风险高低，确定相应的预警区间和预警级别，发出预警信号，以便主管机构及时采取必要的调控和控制手段，对可能出现事故的风险源进行整改，从而降低风险，防范事故的发生。

12.7.4　突发性水污染事故应急监测

接到环境污染事故告急报告后，环境监测机构在向同级环保局报告的同时，迅速组织监测人员赶赴事故现场，根据实际情况，迅速确定监测方案；实施现场检测或现场采样；采用先进的监测手段，迅速进行污染物鉴别工作；现场检测数据随时报告上级部门，采集的样品在 24 h 内分析；填写《环境污染事故登记表》，并在完成事故现场检测的次日提交污染事故调查分析报告；实施行之有效的技术手段排除污染源，抑制住事故危害的蔓延；测定大气、水源等自然环境中污染的范围和程度。

我国现在常用的水污染事故的应急处理方法有人工（工程）处理法、物理处理法、化学处理法等。人工处理法是将污染物（如燃油、未破损包装的有毒物质）清理及打捞出水或进行拦污隔离等，必要时可采用修筑丁坝、导流堤、拦河坝、围堰等工程措施，改变原来的主流方向和流场，防止污染向外扩散。物理处理法包括吸附法、强化混凝法、固化法等。常用的化学处理法有化学预氧化法、化学中和法、化学沉淀法。2002 年 12 月 11 日广西壮族自治区金秀县七建乡境内发生一起运输砒霜车辆翻车泄漏事故，造成大面积严重污染江河的重大事件。这起泄漏事件采用人工处理法和投加生石灰方法，得到很好的处理效果；黄廷林等采用粉末活性炭（PAC）与 ClO_2 组合技术对水源突发性石油污染进行了应急处理试验研究，结果表明，PAC+ClO_2 组合技术的除油效果明显优于采用单一处理方法，此方法可作为饮用水水源突发石油类污染的应急处理措施；研究发现沸石对氨氮的去除效果较好，经 NaCl 改性的沸石对水中的氨氮有更强的处理能力，并且沸石的最适宜投加量为 3 g/L。

针对该研究流域特征污染物和事故的发生规律，研究污染发生后不同阶段的应急处理处置方法。在事故发生初期，用污染源头高效阻断技术，利用突发事故单位内部事故池、应急设施等条件，实现污染源源头控制，将事故控制在萌芽状态。事故发生后污染物进入河道后，研究截蓄导用工程橡胶坝、调蓄库塘、人工湿地等设施对污水的截蓄，以及针对示范区特征污染物的吸附、混凝、固化、中和、沉淀、氧化等多种物化和生化处理技术对不同污染物不同污染阶段的污染物削减与降解等。

12.8 结 语

突发性环境污染事故是威胁人类健康、破坏生态环境的重要因素，对生态平衡、经济及社会的发展构成威胁。由于突发性环境污染事故存在很多不确定性因素，实施有效的应急救援工作，通过对环境应急指挥决策系统的分析和研究，切实有效地提高我们应对突发性环境污染事故的处置能力。构建应急信息资料库作为辅助决策、具有现代最新信息技术的环境应急指挥决策系统，对于环境应急救援工作来说，是非常有意义的一项举措，提高对突发性环境污染应急决策的应变能力，对保护生态环境，促进环境与经济的协调、稳定、健康、持续发展具有十分重要的意义。

参考文献

[1] 崔伟中，刘尉. 关于建立重大突发性水污染事件应急处理机制的研究[J]. 人民珠江，2005，（5）.

[2] 崔伟中，刘晨. 松花江和沱江等重大水污染事件的反思[J]. 水资源保护，2006，22（1）：1-4.

[3] 丁贤荣，徐健. GIS 与数模集成的水污染突发事故时空模拟[J]. 河海大学学报（自然科学版），2003，31（2）：203-206.

[4] 张保森，肖红，田凯. 构建环境应急决策支持系统的思考[J]. 环境科学与管理，2010，1，35（1）：57-59.

[5] 吴宗之. 易燃、易爆、有毒重大危险源评价方法与控制措施[J]. 中国安全科学学报，1998，8（2）：57-61.

[6] 钱新明，陈宝智. 危险源辨识与安全分析[J]. 劳动保护科学技术，1994，14（6）：7-10.

[7] 张维新，熊德琪，陈守煜. 工厂环境污染事故风险模糊评价[J]. 大连理工大学学报，1994，34（1）：38-44.

[8] Cheng S R，Lin B H，Su B M，et al. Fault-tree analysis for liquefied natural gas terminal emergency shutdown system[J]. Expert Systems with Applications，2009：1-16.

[9] Dokas I M，Karras D A. Fault tree analysis and fuzzy expert systems：Early warning and emergency response of landfill operations[J]. Environmental Model ling &Software，2009（24）：8-25.

[10] 张羽，张勇，杨凯. 基于时间特征指数的水源地突发性污染事件应急评估方法研究[J]. 安全与环境学报，2005，5（5）：82-84.

[11] 饶清华，许丽忠，张江山. 闽江流域突发性水污染事故预警应急系统构架初探[J]. 环境科学导刊，2009，28（3）：69-72.

[12] 肖彩，张艳军，彭虹，等. 水质预警预报系统的研究与应用——以汉江武汉段为例[J]. 贵州环保科技，2005，11（3）：1-6.

[13] 王存美，姚新，廉保全，等. 基于 GIS 技术的突发环境事故应急系统[J]. 水土保持研究，2008，15（4）：60-63.

[14] 李佳，曹飞凤，杜光潮. 基于 GIS 的钱塘江水质预警预报系统研究[J]. 浙江水利科技，2008（4）：65-68.

[15] 窦明，李重荣，王陶. 汉江水质预警系统研究[J]. 人民长江，2002，33（11）：38-42.

[16] Li W X，Zhang Y，Liu Z. Outline for establishment of the Tai hu -Lake Basin early warning system[J]. Ecotoxicology，2009（18）：768-771.

[17] 金子，冯吉平，张蕾，等. 突发性水环境污染事故监测及对策[J]. 东北水利水电，2007，1（25）：56-57.

[18] 葛宪民，江世强，韦波，等. 石灰中和法对砒霜泄漏污染河流的野外现场应急处理[J]. 广西医科大学学报，2004，21（2）：212-215.

[19] 黄廷林，冯运超，卢金锁，等. 饮用水水源突发性石油污染的应急处理方法研究[J]. 供水技术，2008，2（3）：1-3.

第13章
流域水环境污染环境事故风险预警的神经元网络蚁群预测方法

摘要：本章通过对我国水污染状况的分析和研究，提出了一种以蚁群算法为基础的径向基函数神经网络，此算法既具有神经网络广泛的映射能力，又具有蚁群算法的全局寻优、分布式计算等特点。径向基函数神经网络不仅有研究的价值和良好的应用前景，而且可实现对水质变化进行预测和预警的目的，为我国建立应急系统提供了科学的依据。

关键词：蚁群算法　径向基函数网络　预测　预警

近年来，我国水污染事故频繁发生。据统计，仅 2001—2004 年发生水污染事故就达 3 988 件。2003 年第三季度，国内共发生 27 起水资源污染事故，其中 80%以上均为突发性事故。随着改革开放的深入，我国经济快速发展，国家工业化和城市化的速度进一步加快，水上、陆上的交通量日益繁忙，因此导致水污染事故的可能性大大增加。事故污染虽然不是时常发生，但它具有突发性强、来势汹、强度大的特点，一旦发生，往往导致较大的危害事故，其引发的慢性效应也可能持续较长时间。

据有关部门对全国 13.46 万 km 河流和 322 座水库进行的水质评价，近 40%的河水受到了严重污染。全国七大水系 412 个监测断面中，劣 V 类的水占 27.9%，即近 l/3 用于农业灌溉的水都不合格，90%城市的地下水已经被污染。在部分地区和流域，水污染已经明显呈现出从支流向干流延伸、从城市向农村蔓延、从地表向地下渗透、从陆地向海洋发展的趋势。

在水环境安全管理系统中，突发性水污染事故是很重要的一环。应用安全系统工程的原理和方法，对系统中存在的危险、有害因素进行识别与分析，判断系统发生事故的可能性及其严重程度，提出安全措施，从而为制定防范措施和管理决策提供科学依据。根据安全系统工程、风险评价及应急决策理论的方法。结合计算机模拟技术，从预警应急的角度对突发性水污染事故进行预防、应急处理方面的研究对于现有环境风险评价及应急机制的研究有补充和促进作用。

蚁群算法（Ant Colony Algorithm，ACA）是由意大利学者 M.Dorigo 等在 20 世纪 90 年代初期研究蚂蚁寻找从巢穴到食物源的路径时，从生物进化的机制中受到启发，提出了一种新型的模拟进化算法。该算法具有稳健性（鲁棒性）、正反馈性和分布式计算等优点，在求解复杂的组合优化问题上有更强的优势，它已应用于许多组合优化问题，例如调度问题、车辆路径问题、分配问题等。将蚁群算法和径向基函数网络（Radial Basis Function Network，RBF）结合起来，采用蚁群算法来训练网络权值和阈值，使得蚁群神经网络具有神经网络的广泛映射能力又具有蚁群算法的快速、全局收敛以及启发式学习等特点，在某种程度上避免了单纯使用神经网络的不足。经训练后的神经网络用于地下水动态预测，取得了良好的效果。

人工神经网络（ Artificial Neural Network，ANN）是近年来预测非线性关系较好的一种数学手段，也是处理环境质量问题的研究热点。它不需要了解输入输出的相互关系，网络可根据训练样本自动寻找相互关系，这就是通过自学功能建立了输入输出之间的数学模型，在研究系统内复杂关系的建模问题上，人工神经网络显示出其独特的优越性。它的发展为环境预测提供了一个很好的解决方法。

13.1　基本蚁群算法

13.1.1　蚁群算法原理

M.Doride 等在观察群居昆虫蚂蚁觅食时发现，蚁群总能找到巢穴与食物源之间的最短路径。根据这一现象研究发现，蚂蚁在运动过程中会通过在路上释放一种称为信息素的特殊挥发性物质来寻找路径。当它碰到一个还没有走过的路口时，它会随机地选择一条路径前行，同时释放出与路径长度有关的信息素。蚂蚁走的路越长，则释放的信息量越小。当后来的蚂蚁再次碰到这个路口时，选择信息量较大的路径的概率相对较大，这样便形成了一个正反馈机制。最优路径上的信息量越来越大，而其他路径上的信息量却随时间逐渐减少，最终整个蚁群会找出最优路径。

由于受到蚁群觅食现象的启发，科学家们提出了蚁群算法。它是继模拟退火算法（SA）、遗传算法（GA）、列表搜索算法（TS）、进化规划（EP）、进化策略（ES）、人工神经网络（ANN）等现代启发式算法之后的一种新型的、基于群体智能的启发式仿生类进化算法。

13.1.2 蚁群算法数学模型

以图论中具有代表性的 TSP 问题为例，设有 n 个城市，蚂蚁数量为 m，d_{ij}（i，j=1，2，…，n）表示城市 i 和 j 之间的距离，τ_{ij} 表示在 t 时刻城市 i 和 j 之间的路径上残留的信息量来模拟实际蚂蚁的信息素浓度。

初始化时，m 个蚂蚁被放置在不同的城市上，并赋予每条边上的信息量为 τ_{ij}（0）蚂蚁 k 的 tabu_k（禁忌表）的第一个元素赋值为它所在的城市。

用 $p_{ij}^{k}(t)$ 表示在 t 时刻蚂蚁 k 由城市 i 转移到城市 j 的概率，则

$$p_{ij}^{k}(t)=\begin{cases}\dfrac{\left[\tau_{ij}(t)\right]^{\alpha}\left[\eta_{ij}(t)\right]^{\beta}}{\sum\limits_{s\in \text{allowed}_\text{k}}\left[\tau_{ij}(t)\right]^{\alpha}\left[\eta_{ij}(t)\right]^{\beta}}, & j\in \text{allowed}_\text{k}\\ 0, & \text{otherwise}\end{cases} \tag{13-1}$$

式中，allowed_k 表示蚂蚁 k 下一步允许走过的城市的集合，它随蚂蚁 k 的行进过程而动态改变；信息量 $\tau_{ij}(t)$ 随时间的推移而会逐步衰减，用ρ表示信息素挥发数系数；α，β分别表示蚂蚁在运动过程中所积累的信息量及启发式因子在蚂蚁选择路径中所起的不同作用；$\eta_{ij}(t)$ 为由城市 i 转移到城市 j 的期望程度，可根据某种启发算法而定。

为了避免残留信息素过多而引起残留信息淹没启发信息，在每只蚂蚁走完一步，或者完成对所有 n 个城市的遍历（也即一次循环）后，对残留信息素进行更新处理。$t+n$ 时刻在路径（i，j）上的信息量按照如下规则进行调整：

$$\tau_{ij}(t+n)=(1-\rho)\bullet\tau_{ij}(t)+\Delta\tau_{ij}(t) \tag{13-2}$$

其中：$\Delta\tau_{ij}(t)=\sum\limits_{k=1}^{m}\Delta\tau_{ij}^{\text{k}}(t)$ （13-3）

$\Delta\tau_{ij}^{\text{k}}(t)$ 表示蚂蚁 k 在本次循环中在点 i 和 j 之间留下的信息量，其计算方法根据计算模型而定，在最常用的 ant cycle system 模型中：

$$\Delta\tau_{ij}^{\mathrm{k}}(t)=\begin{cases}Q/L_{\mathrm{k}}, & \text{若蚂蚁k在本次循环中经过点}i\text{和}j\\0, & \text{其他}\end{cases} \tag{13-4}$$

式中，Q 为常数；L_{k} 为蚂蚁 k 在本次循环中所走过的路径长度。

13.2　蚁群径向基函数网络

13.2.1　蚁群算法与径向基函数网络的融合策略

假定网络有 m 个参数（包括权值和阈值）。首先，对这些参数进行排序，记为 p_i（$1\leqslant i\leqslant m$），对于每个 p_i 将其设置为 N 个随机非零值，形成集合 I_{p_i}。令蚁群中有 h 只蚂蚁出发寻找食物，每只蚂蚁从集合 I_{p_i} 出发，根据集合中每个元素的信息量和状态转移概率从集合 I_{p_i} 中选择一个元素，当所有集合中完成选择元素后，就到达了食物源，即在所有集合中选择了一组神经网络参数。然后，按照一定的规则调节集合中元素的信息量。这一过程反复进行，当全部蚂蚁收敛到同一路径时，也就意味着找到了网络参数的最优解。

13.2.2　基于蚁群算法的径向基函数网络优化训练

基于以上分析的融合策略，蚁群算法训练径向基函数网络的主要步骤如下：

（1）初始化。初始化所有集合 I_{p_i}（$1\leqslant i\leqslant m$）中的每个元素 j（$1\leqslant j\leqslant N$）的信息素 $\tau_j(I_{p_i})$，所有路径的信息素置为 0，将时间 t 和循环次数 N_{c} 均置为 0，设置最大循环次数 $N_{c\max}$，所有蚂蚁置于蚁穴。

（2）启动蚂蚁。所有蚂蚁相对独立地从蚁穴出发开始搜索。

（3）选择路径。对于集合 I_{p_i} 根据以下概率随机选择其第 j 个元素：

$$\mathrm{Prob}\left[\tau_j^{\mathrm{k}}\left(I_{p_i}\right)\right]=\frac{\tau_j^{\mathrm{k}}\left(I_{p_i}\right)}{\sum\limits_{g=1}^{N}\tau_g\left(I_{p_i}\right)} \tag{13-5}$$

依次在所有集合中选择 1 个元素，同时该路径信息素增加。

（4）信息素的挥发。当所有的蚂蚁在每步中完成选择后，从所有集合的每一个元素的信息量中减去 E，E 表示信息素的挥发。

（5）返回蚁穴。在从食物源返回蚁穴其间，根据式（13-6）调节相应于每个所选择元素 p_i 的信息素 $\tau_j(I_{p_i})$，经历了 m 个时间单位后，信息素浓度为：

$$\tau_j\left(I_{p_i}\right)(t+m)=\rho\tau_j\left(I_{p_i}\right)(t)+\Delta\tau_j\left(I_{p_i}\right) \tag{13-6}$$

其中ρ（0≤ρ≤1）表示信息素的持久性。

$$\Delta\tau_j\left(I_{p_i}\right)=\sum_{k=1}^{h}\Delta\tau_j^{\mathrm{k}}\left(I_{p_i}\right) \tag{13-7}$$

$\tau_j(I_{p_i})$表示在该次循环中第 k 只蚂蚁在集合 I_{p_i} 的第 j 个元素上留下的信息素，可用下式来计算：

$$\Delta\tau_j^k\left(I_{p_i}\right)=\begin{cases}Q/e^{\mathrm{k}}, & \text{若蚂蚁k在该次循环中选择了}I_{p_i}\text{的第}j\text{个元素}\\ 0, & \text{其他}\end{cases} \tag{13-8}$$

式中，Q 是常数，用于调节信息素的挥发速度；e^{k} 是以蚂蚁选择的元素作为神经网络的权值时各训练样本的最大输出误差，定义如下：

$$e^{\mathrm{k}}=\underset{n=1}{\overset{s}{m}}\left|Q_n-Q_q\right| \tag{13-9}$$

式中，s 是样本数量；Q_n 和 Q_q 是神经网络的实际输出和期望输出。因此误差越小，相对应的信息数增加就越多。

当所有蚂蚁都收敛到同一条路径或循环次数 N_{c}>最大循环次数 $N_{c\max}$，即发现最优解，算法结束，网络训练完成；否则跳转到步骤（2）重新执行。

13.3 人工神经网络

人工神经网络是一种应用类似于大脑神经突触联接的结构进行信息处理的数学模型，是由大量处理单元互联组成的非线性、自适应信息处理系统，是目前国际上非常活跃的前沿研究领域之一。它使用大量简单的相连的人工神经元来模仿生物神经网络的能力。人工神经网络是一种非程序化、适应性、大脑风格的信息处理，其本质是通过网络的变换和动力学行为得到一种并行分布式的信息处理能力，并在不同程度和层次上模仿人脑神经系统的信息处理功能。它采用了与传统人工智能和信息处理技术完全不同的机理，克服了传统的基于逻辑符号的人工智能在处理直觉、非结构化信息方面的缺陷，具有自适应、自组织和实时学习的特点。

由于人工神经元在网络中的联接方式不同，则形成不同的人工神经网络模式。误差反向传播网络（Back-Propagation Network，BP）是目前人工神经网络模型中最具代表性，应用得最广泛的一种模型。它是一种误差反向传播的多层前馈网络，是由输入层、隐含层（可以是一层也可以是多层）、输出层组成的。各层之间无反馈连接。各层内的神经元之间没有连接，其在相邻层的神经元有连接，而且它的输入层与输出层是一种非线性关系。网络学习的过程由正向和反向传播两部分组成。在正向传播过程中，每一层神经元的状态只影响下一层神经元网络。如果输出层不能得到期望输出，就是实际输出值与期望输出值之间有误差，那么转入反向传播过程，将误差信号沿原来的连接通路返回，通过修改各层神经元的权值，逐次地向输入层传播去进行计算，再经过正向传播过程，这两个过程的反复运用，使得误差信号最小。

13.3.1　BP 神经网络算法原理

（1）多层感知机神经网络。1985 年，Rumelhart 等提出了误差反向传递学习算法（即 B_P 算法），才实现了 Minsky 的多层网络设想（图 13-1）。

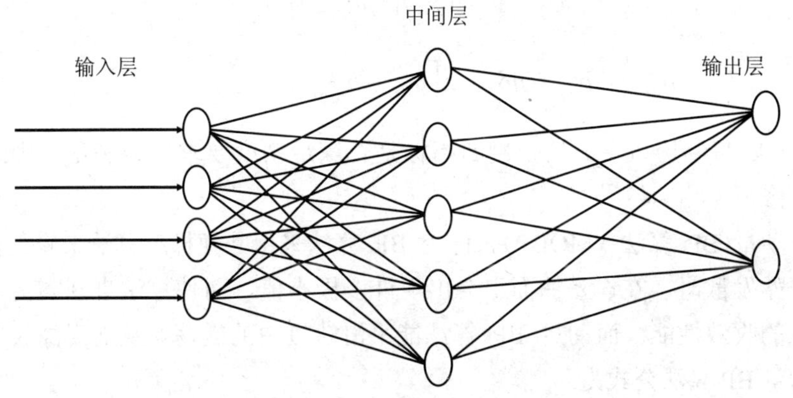

图 13-1　B_P 神经网络模型

在神经网络中，修改权值的规则称为学习算法，B_P 神经网络的学习过程由两部分构成：正向传播和反向传播。当正向传播时，输入信息从输入层经隐层处理后传入输出层，每一层神经元状态只影响下一层的神经元的状态。如果在输出层得不到希望的输出，则转入反向传播，将误差信号沿原来的神经元连接通路返回。在返回过程中，逐一修改各神经元连接的权值。这种过程不断迭代，最后使信号误差达到允许的范围之内。其算法步骤如下：

① 设置各权值和阈值的初始值 $w_{j,\ i}$，b_j；

② 提供训练样本，输入向量 $P=$（P_1，P_2，…，P_R），期望输入向量 $T=$（t_1，t_2，…，t_R），对每个输入样本进行③ 到⑤ 的迭代；

③ 计算网络的实际输出及隐层单元的状态：$a_{kj}=fj\left(\sum_i w_{ji}a_{ki}+b_j\right)$，式中，$a_{kj}$ 表示第 k 个样本在第 j 层的输出，w_{ji} 表示第 j 层和第 i 层的连接权值，a_{ki} 表示第 k 个样本在第 i 层的输出，b_j 为第 j 层的阈值；

④ 计算训练误差：$\delta_{kj}=a_{kj}\left(1-a_{kj}\right)\left(t_{kj}-a_{kj}\right)$（当 j 为输出层时）；$\delta_{kj}=a_{kj}\left(1-a_{kj}\right)\sum_m \delta_{km}w_{mj}$（当 j 为隐层时）；

⑤ 修正权值和阈值：

$$w_{it(t+1)}=w_{ji(t)}+\eta\delta_j a_{ki}+\alpha\left[b_{j(t)}-b_{j(t-1)}\right] \tag{13-10}$$

$$b_{j(t+1)}=b_{j(t)}+\eta\delta_j+\alpha\left[b_{j(t)}-b_{j(t-1)}\right] \tag{13-11}$$

⑥ 当 k 每经历 1～p 后，判断指标是否满足精度要求，若满足，则结束；否则，继续修正。

（2）动量 BP 算法（MOBP）。传统 BP 算法采用共轭梯度算法来修正权值。但当算法开始发散时，在误差曲面上会出现许多极小值，而使算法来回震荡，从而减慢了算法的收敛性能。而动量 BP 算法能平滑轨迹中的震荡，从而提高收敛性能。改进的动量 BP 算法公式为：

$$W_{rj}\left(t+1\right)=iW_{rj}\left(t\right)+\left(1-r\right)^{\alpha}x_i\left(\mathrm{k}\right)e_r\left(\mathrm{k}\right) \tag{13-12}$$

$$\theta_j\left(t+1\right)=r_j^{\theta}\left(t\right)+\left(1-r\right)^{\alpha}e_r\left(\mathrm{k}\right) \tag{13-13}$$

式中，r 为动量系数；α为学习率；e_r（k）为隐函层总误差；X_i（k）为输入层第 i 个神经元输出。

13.3.2 径向基函数神经网络模型

径向基函数（RBF）神经网络是在借鉴生物局部调节和交叠接受区域知识的基

础上，提出的一种采用局部接受域来执行函数映射的人工神经网络。它的网络结构是由一个隐含层（径向基层）和一个线性输出层组成的前向网络，隐含层采用径向基函数作为网络的激活函数。它是以任意精度逼近任一连续函数。一般函数都可以表示成一组基函数的线性组合，RBF 网络相当于用隐层单元的输出构成一组基函数，然后用输出层来进行线性组合，已完成逼近功能。

在用 RBF 网络求解一给定问题时，通常是凭经验确定隐层节点的中心和正规化参数，再用线性优化方法确定权参数。由于在两个阶段均存在快速算法，从而使得 RBF 网络具有较快的学习速度。RBF 网络的结构如图 13-2 所示。

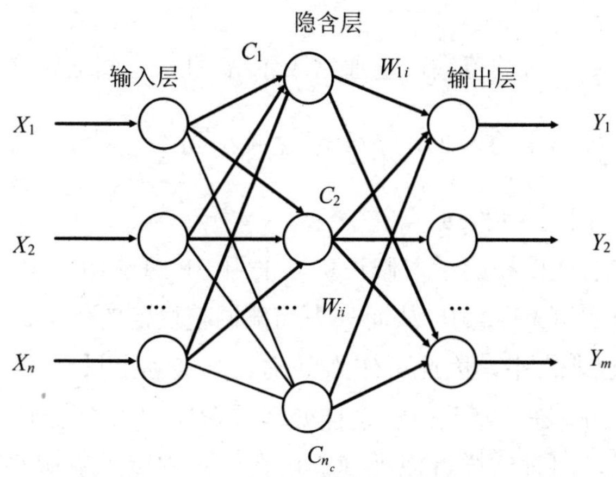

图 13-2　RBF 网络的结构

这是一个前向无反馈网络，分为输入层、隐含层、输出层，其中隐含层又可包括多层神经元，每一层神经元互相没有连接，信号只在层与层之间传递。其中，X_i（i= 1，2，…，n）表示第 i 个样本点的输入矢量，Y_j（j= 1，2，…，m）表示第 j 个样本点的输出矢量，n_c 是隐含层神经元数。每个隐节点函数均为径向对称的核函数，每个隐节点的输出值为：

$$Z_i = \varphi\left(\|X_k - C_i\|/\sigma_i\right)，i=1，2，\cdots，n_c \tag{13-14}$$

式中，X_k 为第 k 输出样本，C_i（i=1，2，…，n_c）表示第 i 个径向基函数的中心矢量，σ_i 为“规划因子”。上述隐单元核函数可以理解为当输入样本推广到隐单元空间时，这组函数组成了输入样本的一组任意的“基”称为径向基函数（RBF）。

网络输入按下式计算：

$$Y_{ij}=w_{io}+\sum_{k}w_{ik}f\left(\left\|x_j-c_k\right\|\right)=\sum_{k=0}^{n_c}w_{ik}f\left(\left\|c_k-x_j\right\|\right) \tag{13-15}$$

式中，w_{ik}表示第 k 隐含层单元连接到第 i 个输出节点的权值，w_{io}为第 i 个目标节点的阈值，y_{ij}表示当输入第 j 个样本 x_j 时第 i 个目标节点的输出，f 是径向基函数，通常取为高斯函数：

$$f_i\left(x\right)+\exp\left(\frac{\left\|x-c_i\right\|}{2\sigma_i^2}\right)，i=1，2，\cdots，m \tag{13-16}$$

式中，$\left\|x-c_i\right\|$是向量 $x-c_i$ 的范数，它通常表示 X 和 c_i 之间的距离，$f_i(x)$ 处有一个唯一的最大值，随着$\left\|x-c_i\right\|$的增大，$f_i(x)$ 迅速减小到零。对于给定的输入 $x\in R^n$，只有一小部分靠近 x 的中心被激活。

RBF 神经网络的连接权的学习修正仍可采用 BP 算法由于 R_i（X）为高斯函数，因而对任意 X 均有 R_i（X）＞0，从而失去局部调整权值的优点。而事实上，当 X 远离 C_i 时，R_i（X）已非常小，因此可作为 0 对待。实际上只当 R_i（X）大于某一数值时才对相应的权值 W_{ij} 进行修改。经这样处理后 RBF 网络也同样具备局部逼近网络学习收敛快的优点。同时这样近似处理，可在一定程度上克服高斯函数不具备紧密性的缺点。

从理论上而言，RBF 网络和 BP 网络一样可近似任何的非线性函数。两者的主要差别在于使用不同的作用数，BP 网络中的隐层节点使用的是 Sigmoid 函数，函数值在输入控件中无限大的范围内为非零值，而 RBF 网络的作用函数则是局部的。

通过训练（10）所述的径向基函数神经网络即可实现模式分类和函数逼近。训练过程主要是：① 确定隐含层节点个数，即选择多个基函数；② 选取合适的中心矢量；③ 确定隐含层到输出层的连接权值。隐含层到输出层之间的权值可以通过一般的 Least-Mean-Square 算法（LMS）或者其他线性优化算法进行，所以最关键的是网络结构的确定。

13.4 一种基于蚁群算法的径向基网络

13.4.1 蚁群聚类算法

蚁群聚类算法（ACC）基于的是信息素和跟踪理论对蚂蚁寻找食物源的行为作出的解释。在初始状态，蚂蚁随机地选择一条道路，由于在相同时间内，会在较短的路径上积聚较多的信息素，因而后出发的蚂蚁会倾向于选择这条路径，这样又进一步增加了该路径上的信息素。经一段时间后，大部分蚂蚁都将选择该路径。

蚁群算法的聚类思路是：在第 i 模式样本处分别设置一个蚂蚁，模式样本分配给第 j 个聚类中心 Z_j，$j=1$，2，…，k，则蚂蚁就在模式样本 i 到聚类中心 Z_j 的路径上留下信息素 τ_{ij}，然而第 i 个蚂蚁选择聚类中心 Z_j 的概率为

$$p_{ij}=\frac{\tau_{ij}}{\sum_{j=1}^{n}\tau_{ij}} \tag{13-17}$$

更新方程为

$$\tau_{ij}^{\text{new}}=\rho\tau_{ij}^{\text{old}}+\frac{Q}{1+d_{ij}} \tag{13-18}$$

式中，d_{ij} 为模式样本 i 到聚类中心 Z_j 的距离；ρ 表示强度的持久性系数，初始情况一般取值范围为 0.5～0.9；Q 为一正常数。

当聚类规模比较大时，由于 ρ 的存在，使得那些从未被搜索到的解的信息量会减少，甚至接近于 0，这样就降低了算法的全局搜索能力。当 ρ 过大且解的信息量增大时，以前搜索到的解被选择的可能性过大，也会影响算法的全局搜索能力，因此仅通过减小 ρ 是不会降低算法的收敛速度的。据此，本文将采用自适应方法来改变 ρ 值，其初始值 ρ（t_0）=0.9。当算法求得的最优值在 N 次循环内没有明显改进时，ρ 减为

$$\rho(t)=\begin{cases}0.9\rho(t-1), & 0.9\rho(t-1)\geqslant\rho_{\text{low}}\\ \rho_{\text{low}}, & \text{其他}\end{cases} \tag{13-19}$$

式中，ρ_{low} 为 ρ 的最小值。这样做可以防止 ρ 过小导致算法的收敛速度降低。

解决聚类问题的蚁群算法如下所述。

Function ACC // 蚂蚁聚类算法

{

τ_{ij} =a：// 给 τ_{ij} （i=1，2，…n；j=1，2，k）赋相同的常数 a，聚类个数为 k

for N_c=0 to $N_c$do // 总循环次数 N_c

{

{ Select NextCenter（p_{ij}）；// 按照式（13-17）中的转移概率 p_{ij} 选择下一个中心点

Update（τ_{ij}^{new}）；// 按式（13-18）修改信息强度

FindNewClusterCenter（）；// 计算新的聚类中心

Update D；// 计算每个模式样本到新的聚类中心的距离 d_{ij}

J（N_c）$=\sum_{j=1}^{k}\sum_{x_i\in Cluster_k} d\left(x_i,\ z_j\right)$；

}

While $\left|\left(N_c\right)-J\left(N_c-1\right)\right|>\varepsilon$ // 给定的允许误差 ε

{

$\rho(t)=\begin{cases}0.9\rho(t-1), & 0.9\rho(t-1)\geqslant\rho_{low} \\ \rho_{low}, & 其他\end{cases}$ ；// 按式（13-19）更改常数ρ

SelectNextCenter（p_{ij}）；// 按照式（13-17）中的转移概率 p_{ij} 选择下一个中心点

Update（τ_{ij}^{new}）；// 按式（13-18）修改信息强度

GetNewClusterCenter（τ_{ij}^{new}）；// 计算，新的聚类中心

O_1，1≤l≤k

Update D：// 计算每个模式样本到新的聚类中心的距离 d_{ij}

End for

```
}
}
return O_1, 1≤l≤k;
}
```

在 ACC 算法中，由于每只蚂蚁在一次循环中搜寻到的目标为 k 个簇的中心点，且每个样本各代表一只蚂蚁，共有 N_c 次循环计算，则该算法的时间复杂度为 $O(kN_cn)$。对比于 k 平均聚类的时间复杂度，二者是近似的，但由于 ACC 结合了分布式计算、正反馈机制和贪婪式搜索的搜索优化机制，因而具有更强的全局优化的搜索能力。同时，比较遗传算法等进化算法（时间复杂度为 $O(kn^2)$），在时间复杂度上，ACC 的聚类速度更快。

13.4.2　隐层单元结构的调整

在 RBF 网络中用径向基函数作隐层神经元的“基”，构成隐空间。这样，基函数中心的宽度参数已确定，而隐层执行的是一种固定不变的非线性变换。每个基函数对全部输入数列 X_p（p=1，2，…，N）的非线性变换的作用可由实数集数列 R_i={R_i（x_1），R_i（x_2），…，R_i（x_N）} i=1，2，…，k 反映出来。因而，可以通过比较 R_i 与 R_j（ i，j = 1，2，…，k；$i \neq j$）两数列来判断第 i 个隐层神经元与第 j 个神经元对输入数列的非线性变换作用的相似性。若二者的作用相像，则可以删除其中一个或将这两个合并为一，以达到精简隐层神经元的目的。

在判断隐层神经元对输入数列的非线性变换作用是否相似时，可将 k 个实数集数列 R_i（ i = 1，2，…，k）看成是 R^n 空间里的 k 个点。当点间距离较小时，两数列的差异也很小，因而可做如下定义。

定义　在隐层神经元中，节点 i 与节点 j 之间的差异度为 $Z_{ij}=\sum_{p=1}^{N}\left\|R_i(x_p)-R_j(x_p)\right\|^2$，则差异度最小的 2 个节点被称之为最近邻神经元，定义为

$$Z_{ij} = \min\left[H_{ij}\right](i \neq j)$$

根据上面构造好的初始网络，按照定义计算，可得到 Z_{ij}，也即找到在 k 个隐层神经元中作用相似的第 i 个神经元和第 j 个神经元，并将它们合二为一。这样，经过多次操作后，网络规模将逐渐减小。

合并后的径向基网络的参数为

$$\begin{cases} k(t+1)=k(t)-1 \\ v_i(t+1)=\left[v_i(t)+v_j(t)\right]/2 \\ \sigma_i(t+1)=\dfrac{1}{n_i+n_j}\sum_{p=1}^{n_i+n_j}\left(x_p^{(i,\ j)}-v_i(t+1)\right)^T\left(x_p^{(i,\ j)}-v_i(t+1)\right) \\ w_{li}(t+1)=\left[w_{li}(t)+w_{lj}(t)\right]/2 \end{cases} \tag{13-20}$$

式中，1 为与隐层神经元 i、j 同时相连的输出神经元序号。

根据径向基学习原理，通过再学习，使得学习误差在允许的范围以内。

13.4.3 基于蚁群算法的径向基网络

本文在改进了径向基网络的基础上，提出基于 ACC 的 RBF 网络学习算法（RBF-ACC），该算法描述如下所述。

该学习算法在采用了 ACC 之后，其时间复杂度为 O（kN_cn），具有全局优化的聚类结果。同时，为了优化 RBF 网络的结构，相应地提出了网络的约简方案，使得整个 RBF 网络的结构更令人满意。结合了 ACC 的径向基网络学习算法的时间复杂度为 O（kN_cn+T_n），其中 T 为径向基神经网络训练一次所付出的代价，这与基于 k 平均聚类的 RBF 神经网络相比，训练过程有了一定的改善。RBF-ACC 网络学习算法描述如下所述。

Procedure RBF_ACC

{

v_i（0）=ACC；//采用蚁群聚类算法对输入样本聚类，得到 RBF 网络基函数的中心点 v_i（0）

$\sigma_j^2=\dfrac{1}{n_j}\sum_{p=1}^{n_j}\left(x_p^{(j)}-v_j\right)^T\left(x_p^{(j)}-v_j\right)=\dfrac{1}{n_j}\sum_{p=1}^{n_j}\left\|x_p^{(j)}-v_j\right\|^2$；//得到基函数的宽度

$\sigma_i(0)$

While E＜ε

{ $w_{li}(t+1)=w_{li}(t)-\alpha(t)\dfrac{aE_l}{aw_{ij}}$；

Update Z（Z_{ij}）；

while Z_{ij}＜Z_{up}//用于结构调整的阈值 Z_{up}

```
    {Unite（Zij）；//合并隐含层 î, ĵ 节点达到 RBF 网络的结构
    优化
    Update G；//由式（13-20）修改各参数
    }
    t=t+1
    }
}
```

13.5　结　语

突发性水污染事故不仅是环境问题，更是不容回避的社会现实问题。为预防突发性水污染事故的发生，有效地控制并将事件造成的损失降至最低限度，需要尽快建立科学有效的应急处理机制。应急系统的建立任重而道远，尚有许多问题亟待更进一步研究。应急系统的建立还是一项系统工程，其中水污染事故应急响应系统更是一项艰巨的系统工程，它是由水污染事故预防、事故准备和事故反应组成的一个有机整体，同时涉及了各个层面的人员、设备和技术等。所以，我们必须以系统的观点去考虑水污染事故建设的各个方面的问题，而这都需要政府的大力支持和各部门之间的相互配合。总之，突发性水污染事故预警应急系统将在不断建设和完善中向高效、科学和智能化方向发展。

参考文献

[1] 刘冬华，刘茂．突发水污染事故风险分析与应急管理研究进展[J]．中国公共安全，2009，1（14）：167.

[2] 洪炳熔，金飞虎，高庆吉．基于蚁群算法的多层前馈神经网络[J]．哈尔滨工业大学学报，2003，35（7）：823-825.

[3] Hong B R，Jin F H，Guo Q.Hopfield neural network based on ant system [J]．Journal of Harbin Institute of Technology：New Series，2004，11（3）：267-269.

[4] Liu Yan-peng，Wu Ming-guang，Qian Ji-xin．Evolying neural networks using the hybird of ant colony optimization and BP algorithm[C]//LINCS 3971：ISNN 2006，2006：714-722.

[5] 李学桥，马莉．神经网络工程应用[M]．重庆：重庆大学出版社，1996.

[6] 庄镇泉，王煦法，王东生．神经网络与神经计算机[M]．北京：科学出版社，1992.

[7] 程世娟，卢伟，陈虬．基于蚁群算法的最短路径搜索方法研究[J]．科学技术与工程，2007，21（7）：1671-1819.

[8] 杨海，王洪国，徐卫东．蚁群算法的应用研究与发展[J]．科学信息，2007，28：13-14.

[9] 汪怔江，张洪伟，雷彬．基于蚁群算法的神经网络在企业资信评估中的应用[J]．计算机应用，2007，27（12）：3142-3144.

[10] 邹政达，孙雅明，张智晟．基于蚁群优化算法递归神经网络的短期负荷预测[J]．电网技术，2005，3（2）：59-63.

[11] 胡利平，许永威，高文，等．蚁群神经网络在鱼病专家系统的应用研究[J]．微算机信息，2005，21（7）：149-151.

[12] Xiong Wei-qing，Yan Chen-yang，Wang Liu-yi.Binary ant colony evolutionary algorithm[C]//Interna-tional Conference on Infelligent Computing：2005，1341-1350.

[13] 曹邦兴．基于蚁群径向基函数网络的地下水预测模型[J]．计算机工程与应用，2010，46（2）：224-225.

[14] 袁曾任．人工神经元网络及其应用[M]．北京：清华大学出版社，1999.

[15] 胡守仁，余少波.神经网络导论[M]. 北京：国防科技大学出版社，1997.

[16] 杨国栋，王肖娟，尹向辉．人工神经网络在水环境质量评价和预测中的应用[J]．干旱区资源与环境，2004，18（06）：10-11.

[17] 姚慧，郑新奇．多元线性回归和 BP 神经网络预测水资源承载力[J]．资源开发与市场：2006，22（1）：17-19.

[18] 魏海坤.神经网络结构设计的理论与方法[M]．北京：国防工业出版社，2005.

[19] 王旭东，邵惠鹤．RBF 神经网络理论及其在控制中的应用[J]，信息与控制，1997，26（4）.

[20] 闻新，周露．Matlab 神经网络应用设计[M]．北京：科学出版社，2003.

[21] 焦李成．神经网络系统理论[M]．西安：西安电子科技大学出版社，1990.

[22] 许东，吴铮．基于 MATLAB6.X 系统分析与设计——神经网络[M]．西安：西安电子科技大学出版社，2002.

[23] 王颖，谢剑英．一种自适应蚁群算法及其仿真研究[J]． 系统仿真学报，2002，14（1）：31-33.

[24] Bezdek J C. Pattern recognition with fuzzy objective function algorithm [M] .New York：Plenum Press，1981.

第 14 章
环境应急监测技术概述

摘要：本章介绍了国内外环境应急监测的现状、应急监测体系的建立和应急监测技术方案的制定，详细介绍了突发性环境事件应急监测的主要技术，为有关部门采取控制污染措施、减轻污染危害赢得宝贵时间，最大限度地减少污染造成的损失和危害提供了技术支持。

关键词：应急监测　突发性环境污染事故　监测技术

随着社会经济的迅猛发展、城市人口的日益集中和社会活动强度的增大，突发性环境污染事故逐渐增多。这类事故形式多样、发生突然、难以处置、危害严重，是构成社会的不安定因素之一，受到世界各国的广泛关注。

环境应急监测对于防范突发性环境污染事故，在事前预防、 事中检测到事后恢复的各个过程中均起着重要的作用。只有通过应急监测，才能为事故处理决策部门快速、准确地提供引起事故发生的污染物质类别、浓度分布、影响范围及发展态势等现场动态资料信息，为事故处置快速、正确决策赢得宝贵的时间，为有效地控制污染范围、缩短事故持续时间、将事故的损失减到最小提供有力的技术支持。

14.1　环境应急监测的现状

在突发性化学污染事件中，应急监测是环境突发事件应急处理的重要环节，提高监测技术，完善应急监测装备，做出准确的应急监测分析，可以为突发性环境事件的应急决策与指挥提供依据，起到技术支持作用。应急监测技术应以迅速进行监测分析，准确判断污染物的来源、种类、污染物的浓度、污染程度、污染范围、发展趋势和可能产生的环境危害为核心，应急监测还应确定污染性质，提供个人防护的要求；提供事故污染排放源位置、排放规模的信息；提供污染现场污染控制与污染物清理和处理效果的有关信息。

14.1.1 国外环境应急监测技术的进展

西方发达国家环境应急监测开展得较早。1979 年美国就成立了联邦紧急事故管理署（FEMA），负责紧急事故的准备、应对及事后重建和修复。1989 年，联合国环境规划署提出了“地区及紧急事故意识和准备计划”（即“APELL”计划），该计划旨在提高公众对环境污染事故的了解和认识，帮助他们应对环境紧急事件。欧洲也有污染事故管理条例，涉及环境、工业、农业、金融、教育等诸多领域，并强调要对造成污染事故的责任方实行经济制裁。

为了应对突发性环境化学事件，发达国家在化学品的理化性质测定、化学品的毒理试验、化工生产的风险评估、化学品事故的预测和应急措施、化学污染物毒性数据库的监测等方面开展大量法律和技术方面的研究。这些国家研究开发了大量的应急监测技术和方法，并建立了多种以数学计算为基础的事故处理模型和仿真系统，使环境污染事故的管理制度化、定量化。国外的应急监测仪器种类繁多，有快速检测管、检测箱和便携式监测仪等。其中，检测管和检测箱是在应急监测早期使用的产品，现在大多数国家已进入便携式现场监测仪器的发展阶段。

14.1.2 我国环境应急监测工作的发展

近年来，我国各类突发性环境污染事故时有发生，据国家环保局统计，仅 2001—2004 年就发生水污染事故 1 988 件。这些突发性的重大水污染事件表明：我国已经进入环境污染事故的高发期。如何积极应对突发性环境污染事故成为当今环境科学及相关领域的研究热点，在这其中，应急监测作为环保管理部门应急反应的第一步，对其研究的重要性不言而喻。

我国应急监测起步较晚，与国外发达国家相比有很大差距。20 世纪末，随着国内经济的发展，污染事故的发生率直线上升，引起了国内各界的关注。国家环境保护总局指示要建设既能对突发性环境污染事故实施统一协调、现场快速监测和应急处理，又能对污染隐患进行监控和警告的应急响应系统，并于 2002 年成立了环境应急事故调查中心。然而，国内的应急监测仪器普遍比较落后，大多数监测单位主要使用实验室仪器和进口检测管进行应急监测。

针对突发环境事件应急的建设，2006 年我国环保工作要点提出：加强突发环境事件应急工作和国家应急监测能力建设。建立应急监控和预警体系，完善突发环境事件应急预案，健全环境应急指挥系统，开展应急演练，提高应急水平和能力。健全环境污染事故信息报送制度，建立并落实信息报送责任制。开展各类污染源的全面排查工作，重点排查大江大河沿岸、饮用水水源地和人口密集区的石油化工企业隐患，努力消除环境隐患。

14.2 环境应急监测体系和环境应急监测技术方案

14.2.1 建立应急监测体系

一旦发生环境污染事故，现场的监测环节将是最关键的。应急监测工作必须有总体规划，确定应急监测体系、明确应急监测体系中各部门之间的组织分工和职责，落实组织、人员、设备、资金、技术、后勤等项具体措施，形成运行有效的应急监测体系。

各级环保部门建立的环境应急监测的体系，应该具有两方面能力，一方面是事前的预警监测能力；另一方面是事发后的现场监测分析能力。为了保证应急环境监测能力，必须加强组织、装备和技术三个子系统的建设。应急监测组织建设包括机构、制度、人员的建设，存在环境安全隐患的危险重点污染源资料的电子档案建设；应急装备建设在完善重点污染源排污状况实时监控信息系统基础上，加强自动监控系统建设，完善相应的快速常规监测系统，完善当地必须检测的污染项目和有毒有害物质监测系统的建设，必要时可配备全能应急监测车，满足连续监测和快速监测的技术手段；应急监测技术建设应定期对环境应急监测人员进行应急监测的培训和演练，确保能够快速识别、及时处置地区内发生的一般突发环境事件的快速监测能力，事前对本辖区重点污染企业的污染概况有所了解，事发后对监测数据具有一定的分析和判断能力，可能的话还应聘请相关科研单位和管理部门的有关专家组成应急技术顾问组。一个体系完整，工作有效的环境应急监测的体系，可以保证在最短的时间内，查明事故污染程度、污染类型、扩散范围等基本情况。

14.2.2 环境应急监测技术方案

由于环境突发事件的事故类型、污染物、发生原因、危害程度千差万别，很难制定一套固定的环境应急技术方案，只能确定环境应急监测的技术规范，事发后，根据环境应急监测的技术规范和具体事故的现场情况，再确定一个突发事件的环境监测应急监测方案。任何一个环境应急监测方案都必须考虑布点、采样；监测频次与跟踪监测方案；污染物监测项目与分析方法；数据处理与 QA/QC；监测报告与上报程序等。

环境应急监测技术方案主要包括监测点位的布点原则、采样方法、样品的分类保存；确定监测频次；检测项目的筛选、项目的确定；确定应急监测方法；选择应急监测仪器和器材；应急监测数据的统计处理（原始记录、监测数据有效性检验、应急监测报告）；应急监测的质量保证。

14.2.3 环境应急监测的作用

环境突发事件发生后，应急监测人员应快速赶到现场，根据事故现场的具体情况进行布点采样，采用快速监测手段判断污染物的类型，给出定性的、半定量的和定量的监测分析结果，确认环境突发事件的危害程度和污染范围，分析污染趋势。环境应急监测在环境应急响应中应发挥以下几方面作用：① 对突发环境事件做出初步分析；② 为环境应急指挥和决策提供必要的信息；③ 为实验室的监测分析提供第一手资料；④ 通过现场检测为事故的处理提供必要的监测数据；⑤ 为事故的评估提供必要的资料。

快速、准确的环境应急监测工作可以为各级政府和环境行政主管部门提供快速、及时、准确的技术支持，确定污染程度、发展趋势，从而尽快确定控制和消除污染的有效措施和整体环境应急决策。

14.2.4 环境应急监测的特点

环境突发事件应急监测的特点，实际事件发生的突然性、不可预见性、危害的严重性、形式和种类的多样性、处理处置和恢复的艰巨性。因此，突发环境事件应急监测的准备，应充分考虑突发性环境污染事故的基本特征，在时间、地点、场合、排放方式、排放途径、排放种类、数量、浓度等突发性环境事故均属于难以预料的、非正常的。事前监测为预警和防范提供分析数据，事后监测为事故应急响应、事故处理和环境恢复提供科学的决策依据。

14.3　突发性环境事件应急监测的主要技术

14.3.1　各类突发环境事件的监测特点

14.3.1.1　有毒气体应急监测特点和方法

当氯气、氰化氢、硫化氢、二硫化碳、氟化氢、光气、一氧化碳、砷化氢等有毒气体泄漏时，有毒有害气体污染的特点如下：污染范围广，能随风扩散一定距离，尤其是事故源下风向污染浓度较高；受气候和地形影响较大，如风力、风向、山地、森林都会对污染浓度分布有较大影响。可以使用便携式气体监测仪器、常用快速化学分析方法进行应急监测。

14.3.1.2　有毒化学品应急监测特点和方法

有毒化学品种类繁多，性质区别较大，现场应急监有以下特点：能对浓度分布非常不均匀的各类样品进行有选择的分析；可以进行快速、便捷和连续的监测；从定性和定量分析都能做到快速实现。现场的应急监测的设备往往不够，为了做出准确地分析判断，还须根据现场监测结果，准确确定用于实验室分析的采样地点、采样方法及分析方法。最终确定污染事件的各项特征，如化学物质的理化性质、毒性、挥发性、残留性、泄漏量、向环境的扩散速度、水和大气中主要污染物的浓度、污染的区域、降解的速率等性指标。

目前这类监测技术主要有：试纸法、水质速测管法-显色反应型、气体速测管法-填充管型、化学测试组件法、便携式分析仪器测试法。

14.3.1.3　易燃易爆性物质应急监测特点和方法

易燃易爆危险物质包括：易爆性物质（包括易爆固体和凝结性液体，如果氧化物；硝铵；硝基、硝胺和硝酸酯等的化合物等）；混合型易爆物质（混合产生易燃易爆性）；可燃性气体或挥发蒸汽（如石油气、天然气、乙烯、乙炔、乙醚、苯、酒精等）；易燃液体（酒精、汽油、柴油等）；可燃性粉尘（铝粉、镁粉、硫黄粉等）；水解易燃性物质（吸收水分时，产生易燃易爆性物质）。

燃烧和爆炸的条件：由可燃性物质存在；有助燃物质存在；有导致燃烧的能源（如明火、高温表面、过热、电火花、撞击、摩擦、绝热压缩等）。

在燃烧爆炸现场应使用快速监测仪器，快速测定燃爆产生物质的成分和浓度，确定是否为对人体的有毒有害物质，以便采取防护措施；确定是否对环境有明显危害，以便采取控制污染和消除污染的措施。监测方法有各种检测管理技术。

14.3.1.4 溢油污染事件的应急监测特点和方法

溢油是在石油开采、炼制、加工、储运过程中由于突发事故或操作失误，造成油品泄漏进入地表水面的事件。水面产生溢油，首先要准确了解泄漏的油量，溢流的流向和流速。溢流的快速监测或实验室监测，水样的采集十分重要，要有代表性。分析方法有气相色谱法、红外分析法、GC-MS 法、元素分析法、紫外分析法，国外多采用红外分析法，人为干扰小、比较灵敏。

14.3.1.5 农药污染事件的应急监测特点和方法

农药生产、储运过程中，原料和产品、废水废渣排放，造成突发性环境事件。农药的污染物类型复杂，应先进行现场调查，初步估计污染类型，再确定相应的测试技术。常见的农药检测技术比色法、紫外光谱法、气相色谱法、高效液相色谱法、气相色谱-质谱法联用技术等。

14.3.2 快速应急监测技术

14.3.2.1 试纸法

使用对污染物有选择性反应的分析试剂制成的专用分析试纸（表 14-1），对污染物进行测试，通过试纸颜色的变化可对污染物进行定性分析。将变色后的试纸与标准色阶比较可以得到定量化的测试结果。商品试纸本身已配有色阶，有的还会配备标准比色板。

表 14-1 化学试纸类型

试纸类型	用　途	色阶标准
pH 试纸	用于测试酸碱度	一般色阶分为 11～14，常用的有石蕊试纸、酚酞试纸、硝嗪黄试纸等，不同的试纸有不同色阶颜色标准
砷试纸	用于测试砷和 AsH_3	白色变为棕黑
铬试纸	用于测试六价铬	存在六价铬时，白色试纸呈紫色斑点
氟化物试纸	用于测氟化物和 HF	当存在氟化物时，粉红色试纸变为黄白
氰化物试纸（Cyantesmo）	用于测氰化物和 HCN	当存在氰化物时，淡绿色试纸变为蓝色或白色变为红紫色。试纸对碱性氰化物溶液不反应，对酸性氰化物溶液反应灵敏
KI—淀粉试纸	用于测余氯、余碘、余溴	但存在以上物质时，浅黄色试纸变为蓝色或白色变为红紫色

试纸类型	用　途	色阶标准
氨或铵离子试纸	用于测氨或铵离子	当存在氨或铵离子时，白色试纸变为棕黄色或黄色变为橙色
锌离子试纸	用于测是锌离子	当存在锌离子时，橘黄色试纸变为红色

14.3.2.2 检测管法

检测管法对有毒气体或挥发性污染物的现场检测十分方便。检测管法的原理是被测气体通过检测管时造成管内填充物颜色变化程度来测定污染物及其含量，检测管一般附有标准色阶。

（1）大气污染检测管法。大气检测管又分为短时检测管、长时检测管和气体快速检测箱。短时检测管多位填充显色型，用于短时间测试，目前已有 160 多种短时检测管，将几种短时检测管组合成组件，可同时测试几种污染物。长时检测管用于长时间（8 h）连续监测，长时检测管可用于测定一段时间（1～8 h）内污染物的平均浓度。气体快速检测箱是将多种气体检测管组装在一种特制的检测箱内，便于携带和现场进行多项目的监测。

（2）水污染检测管法。水污染检测管法又分直接检测试管法、色柱检测法、气提—气体检测管法、水污染检测箱。直接检测试管法是将显色试剂封入塑料试管里，测定时，将检测管刺一小孔吸入待测水样，变化的颜色与标准色阶比色，对比确定污染物和浓度。

色柱检测法是将一定量水样通过检测管内，水样中的待测离子与管内填装显色试剂反应，产生一定颜色的色柱，色柱长度与被测离子浓度成比例。气提—气体检测管法是利用液体提取装置与各类气体检测管进行组合，可以简单、快捷测定水样中易挥发性污染物（如氯代烃、氨、石油类、苯系物等）。水污染检测箱是将多种水质检测管组合在一起形成整套检测设备，可以对水污染现场的多种污染物进行快速检测。

14.3.2.3 紫外—可见分光光度法

紫外—可见分光光度法是利用污染物质本身的分子吸收特性，与特定的显色试剂在一定条件下的显色反应而具有的对紫外—可见光的吸收特性进行比色分析的一种方法。便携式分光光度计是常用的分光光度法仪器，其重量轻、携带方便，一台仪器可进行多项目测试，常为浓度直读，可以迅速读出浓度值。根据光度计的构造，可以分为单参数比色计、滤光分光比色计、分光光度计三种。

14.3.2.4 化学测试组件法

为了同时进行多项目污染物质的测试可以采用化学测试组件法，化学测试组件法多采用比色方法或容量法（滴定）方法进行分析。化学测试组件法是将药枕（可以放在塑料、铝箔、试剂管内）中的特定分析试剂加入一定量的样品中，通过颜色的变化，与标准色阶进行比较可以估计待测污染物的浓度。

化学试剂测试组件进行现场测试时，可以采用不同的分析方法，如比色立体柱、比色盘、比色卡、滴定法、计数滴定器、数字式滴定器，前 3 种是比色法，后 3 种是容量法。

14.3.2.5 便携式色谱与质谱分析技术

对一般性污染物的快速检测，检测管法可以发挥较好作用，但对于未知污染物或种类繁多的有机物的应急监测，检测管法已经不能满足现场的定性或定量的监测分析。便携式气相色谱仪和便携式色谱—质谱联用仪在有机污染物的现场监测中可以发挥重要作用。

现场使用的气相色谱仪有便携式和车载式，便携式气相色谱仪带分析的样品可以是气态或液态样品，全部操作程序化，可以做复杂的污染物定性或定量化检测分析。

便携式色谱—质谱联用仪可以分析有毒有害大气污染物，可用于化学品的泄漏检测、有害废物长的检测，具有采样、读数、扫描定性、定量与记录功能，现场可以给出大气、水体、土壤中未知的挥发物或半挥发物的检测结果。便携式色谱—质谱联用仪便于在现场进行灾情判断、确认、评估和启动标准处理程序。

便携式离子色谱仪主要用于检测和分析碱金属离子、碱土金属离子、多种阴离子。

14.3.2.6 便携式光学分析仪器

光学分析仪器是采用光谱分析技术对多种环境污染物（尤其是有机污染物）进行分析，根据光谱范围目前使用的有便携式红外光谱仪、便携式X荧光光谱仪、专用光谱/广度分析仪、便携式荧光光度计、便携式浊度分析仪、便携式反光光度计等光学分析仪器，都可以对现场样品中的多元素进行监测或单点分析。光学分析仪器有便携式的和车载式的。

14.3.2.7 便携式电化学分析仪器

电化学传感器是利用有毒有害气体同电解液反应产生电压来识别有毒有害污染物的一种监测仪器，可以检测硫化氢、氮氧化物、氯气、二氧化硫、氢氰酸、氨气、一氧化碳、光气等有害气体。各类电化学传感器及可以单独使用，也可以根据需要组合成多参数的电化学气体分析仪器。常见的电化学气体分析仪器主要是各类便携式选择离子分析仪（如离子计、pH 计、pH 测试笔、手提式 DO 仪、手提式电导率分析仪、手提式多参数分析仪、多参数水质分析仪等）。

14.3.2.8　有毒有害气体检测器

对于一般已知污染物类型的检测，检测管法可以发挥较大作用，对于污染物种类较多或未知污染物种类，尤其是有机污染，检测管法已不能满足现场定性和定量的检测分析，高性能便携式气体检测器可以满足这方面检测分析的需要。

有毒有害气体检测器主要有易燃易爆气体检测器、光离子化检测器、金属氧化物半导体传感器、火焰离子化检测器、电化学传感器等。

14.4　结　语

（1）近十多年来，我国突发性环境污染事故应急监测研究队伍不断壮大，研究成果较为明显。突发性环境污染事故应急监测研究逐步步入正轨，研究趋于系统化，科学化。然而，应急监测研究成果总体质量偏低的现状导致与国外研究差距的拉大亟待改善。

（2）基础领域研究较为成熟，符合我国国情的应急监测程序体系初步形成，应急监测技术与方法基本跟上国际趋势。随着我国突发性环境污染事故的增多，客观上对应急监测系统质量提出要求，在多次事故实际处理经验中，各级应急监测部门、单位均总结出一套比较成熟的应急监测程序，为减少突发性环境污染事故带来损失提供有力支持。同样应急检测方法与技术的发展及检测仪器的更新均提高了应急监测工作的质量和效率。此外，GIS 技术的运用为突发性环境污染事故应急反应提供了科学的、准确的决策支持，未来该技术的应用研究必将成为热点。

（3）应急监测立法体系落后，突发性环境污染事故应急监测预案体系有待完善。相关方面资料显示，我国应急法律规范无论是法律层面还是专业化、系统化状况均落后于发达国家，健全中国突发性环境污染事故应急立法体系刻不容缓。而突发性环境污染事故应急监测预案编制状况相对良好，体系化、规范化的突发性环境污染事故应急监测预案系统还有待进一步完善。

总之，环境应急监测在我国刚刚起步，技术水平与发达国家相比差距很大，在学习借鉴发达国家的先进技术的同时，要注重探寻适合我国国情的应急监测手段。

现场监测仪器档次的提升和人员技术储备的加强将是近期我国应急监测技术发展的关键。

参考文献

[1] 郭晓茆. 加强环境污染事故的应急监测[J]. 环境监测管理与技术，1995，7（5）：6-7.

[2] 赵起越，白俊松. 国内外环境应急监测技术现状及发展[J]. 安全与环境工程，2006，13（2）：13-16.

[3] 孙世振. 浅谈我国突发性环境污染事故应急反应体系的建设[J]. 中国环境管理，2003，22（2）：5-8.

[4] 丁辉. 突发性应急与本地化防范[M]. 北京：化学工业出版社，2004.

[5] 刘砚华，魏复盛. 关于突发性环境污染事故应急监测[J]. 中国环境监测，1995，11（5）：59-62.

[6] 刘耀龙，陈振楼，等. 中国突发性环境污染事故应急监测研究[J]. 环境科学与技术，2008，31（12）：116-120.

[7] 沈振月，姚爱珍，刘建明，等. 强化突发性环境污染事故应急监测管理[J]. 中国环境监测，2000，16（2）：50-52.

[8] 李慧敏. 对突发性重大环境污染事故应急监测的探讨[J]. 环境科学与技术，2005，28（增刊）：151-152.

附录 A

泄漏量计算

液体泄漏

液体泄漏速度 Q_L 用伯努利方程计算：

$$Q_L = C_d A\rho\sqrt{\frac{2(P-P_0)}{\rho}+2gh} \qquad (A\text{-}1)$$

式中：Q_L——液体泄漏流量，kg/s；

C_d——液体泄漏系数，此值常用 0.6～0.64，也可以按表 A-1 取值；

A——裂口面积，m²；

ρ——泄漏液体密度，kg/m³；

P——容器内介质压力，Pa；

P_0——环境压力，Pa；

g——重力加速度，9.8 m/s²；

h——裂口之上液位高度，m。

本法的限制条件：液体在喷口内不应有急剧蒸发。

表 A-1 液体排放系数

雷诺数 Re	泄漏口形状		
	圆形（多边形）	三角形	长条形
＞100	0.65	0.60	0.55
≤100	0.50	0.45	0.40

当容器内液体是过热液体，即液体的沸点低于周围环境温度，液体流过裂口时由于压力减少而突然蒸发。在这种情况下，泄漏时直接蒸发的液体所占百分比 F 可按式（A-2）计算：

$$F = C_p\frac{T-T_0}{H} \qquad (A\text{-}2)$$

式中：C_p——液体的定压比热，J/kg·K；

T——泄漏前液体的温度，K；

T_0——液体在常压下的沸点，K；

H——液体的汽化热，J/kg。

按式（A-2）计算的结果，几乎总是在 0～1。事实上，泄漏时直接蒸发的液体将以细小烟雾的形式形成云团，与空气相

汪元辉．安全系统工程[M]．天津：天津大学出版社，1999.

	泄漏量计算	
	混合而吸热蒸发。如果空气传给液体烟雾的热量不足以使其蒸发，由一些液体烟雾将凝结成液滴降落到地面，形成液池。根据经验，当 $F>0.2$ 时，一般不会形成液池；当 $F<0.2$ 时，F 与带走液体之比，有线性关系，即当 $F=0$ 时，没有液体带走（蒸发）；当 $F=0.1$ 时，有 50%的液体被带走。	
气体泄漏	气体或蒸汽经小孔泄漏，因压力降低而膨胀，该过程可视为绝热过程，假设气体符合理想气体状态方程，则气体泄漏公式如下。 1. 当气体流速在亚音速范围（次临界流）： 条件：$\frac{P_0}{P}>\left(\frac{2}{k+1}\right)^{\frac{k}{k-1}}$ （A-3） 经伯努利方程可推导出气体初始泄漏的瞬时最大泄漏流量公式为： $Q_g=YC_dAP\sqrt{\frac{Mk}{RT}\left(\frac{2}{k+1}\right)^{\frac{k+1}{k-1}}}$ （A-4） 式中：Q_g——气体泄漏流量，kg/s； C_d——气体泄漏系数，当裂口形状为圆形时取 1.0，三角形时取 0.95，长方形时取 0.9； A——裂口面积，m^2； k——绝热指数，是等压比热容与等容比热容的比值； Y——气体膨胀因子，它由下式计算： $Y=\sqrt{\left(\frac{1}{k-1}\right)\left(\frac{k+1}{2}\right)^{\frac{k+1}{k-1}}\left(\frac{P}{P_0}\right)^{\frac{2}{k}}\left[1-\left(\frac{P_0}{P}\right)^{\frac{k-1}{k}}\right]}$ （A-5） M——气体的分子量，kg/mol； R——气体常数，8.314 J/（mol·K）； T——容器内气体温度，K。 2. 当气体流速在音速范围（临界流）： 条件：$\frac{P_0}{P}\leqslant\left(\frac{2}{k+1}\right)^{\frac{k}{k-1}}$ （A-6） 其泄漏流量： $Q_g=C_dPA\sqrt{\frac{Mk}{RT}\left(\frac{2}{k+1}\right)^{\frac{k+1}{k-1}}}$ （A-7）	国家安全生产监督管理总局. 安全评价[M]. 北京：煤炭工业出版社，2005.
两相流泄漏	假定液相和气相是均匀的，且互相平衡，两相流泄漏计算按下式： $Q_{LG}=C_dA\sqrt{2\rho_m(P-P_C)}$ （A-8） 式中：Q_{LG}——两相流泄漏速度，kg/s；	汪元辉. 安全系统工程[M]. 天津：天津大学出版社，1999.

	泄漏量计算	
	C_d——两相流泄漏系数，可取 0.8； A——裂口面积，m^2； P——两相混合物的压力，Pa； P_C——临界压力，Pa，可取 $P_C = 0.55$Pa； ρ_m——两相混合物的平均密度，kg/m^3；由下式计算： $$\rho_m = \frac{1}{\dfrac{F_V}{\rho_1} + \dfrac{1-F_V}{\rho_2}} \quad \text{(A-9)}$$ 式中：ρ_1——液体蒸发的蒸汽密度，kg/m^3； ρ_2——液体密度，kg/m^3； F_V——蒸发的液体占液体总量的比例；由下式计算： $$F_V = \frac{C_P\left(T_{LG} - T_C\right)}{H} \quad \text{(A-10)}$$ 式中：C_P——两相混合物的定压比热，J/（kg·K）； T_{LG}——两相混合物的温度，K； T_C——液体在临界压力下的沸点，K； H——液体的汽化热，J/kg。 当 $F_V > 1$ 时，表明液体将全部蒸发成气体，这时应按气体泄漏计算；如果 F_V 很小，则可近似地按液体泄漏公式计算。	
液体的扩散	1. 液池面积 如果泄漏的液体已到达人工边界，则液池面积即为人工边界围成的面积。如果泄漏的液体未到达人工边界，则假设液体的泄漏点为中心呈扁圆柱形在光滑平面上扩散，这时液池半径用下式计算： （1）瞬时泄漏（泄漏时间不超过 30 s）时， $$r = \left(\frac{8gm}{\pi\rho}\right)^{\frac{1}{4}} \cdot t^{\frac{1}{2}} \quad \text{(A-11)}$$ （2）连续泄漏（泄漏持续 10 min 以上）时， $$r = \left(\frac{32gmt^3}{\pi\rho}\right)^{\frac{1}{4}} \quad \text{(A-12)}$$ 上述两式中：r——液池半径，m； m——泄漏的液体量，kg； t——泄漏时间，s。 2. 蒸发量 泄漏液体的蒸发分为闪蒸蒸发、热量蒸发和质量蒸发三种，其蒸发总量为这三种蒸发之和。 （1）闪蒸 过热液体闪蒸量可按下式估算	汪元辉. 安全系统工程 [M]. 天津：天津大学出版社，1999.

泄漏量计算

$$Q_1 = F \cdot W_T / t_1 \tag{A-13}$$

式中：Q_1——闪蒸量，kg/s；

W_T——液体泄漏总量，kg；

t_1——闪蒸蒸发时间，s；

F——蒸发的液体占液体总量的比例；由下式计算：

$$F = C_p \frac{T_L - T_b}{H} \tag{A-14}$$

式中：C_p——液体的定压比热，J/（kg・K）；

T_L——泄漏前液体的温度，K；

T_b——液体在常压下的沸点，K；

H——液体的汽化热，J/kg。

（2）热量蒸发

当液体闪蒸不完全，有一部分液体在地面形成液池，并吸收地面热量而汽化称为热量蒸发。热量蒸发的蒸发速度 Q_2 按下式计算：

$$Q_2 = \frac{\lambda S\left(T_0 - T_b\right)}{H\sqrt{\pi \alpha t}} \tag{A-15}$$

式中：Q_2——热量蒸发速度，kg/s；

T_0——环境温度，K；

T_b——沸点温度，K；

S——液池面积，m^2；

H——液体汽化热，J/kg；

λ——表面热导系数（表 A-2），W/（m・K）；

α——表面热扩散系数（表 A-2），m^2/s；

t——蒸发时间，s。

表 A-2　某些地面的热传递性质

地面情况	λ/[W/（m・K）]	α/（m^2/s）
水泥	1.1	1.29×10^{-7}
土地（含水 8%）	0.9	4.3×10^{-7}
开阔土地	0.3	2.3×10^{-7}
湿地	0.6	3.3×10^{-7}
沙砾地	2.5	11.0×10^{-7}

（3）质量蒸发

当热量蒸发结束，转由液池表面气流运动使液体蒸发，称为质量蒸发。

质量蒸发速度 Q_3 按下式计算：

$$Q_3 = \alpha \cdot p \cdot u^{(2-n)/(2+n)} \cdot r^{(4+n)/(2+n)} \cdot M / \left(R \cdot T_0\right) \tag{A-16}$$

<table>
<tr><td></td><td>泄漏量计算</td><td></td></tr>
<tr><td></td><td>式中：Q_3——质量蒸发速度，kg/s；
α，n——大气稳定度系数（表 A-3）；
p——液体表面蒸汽压，Pa；
R——气体常数，J/（mol・K）；
T_0——环境温度，K；
u——风速，m/s；
r——液池半径，m。

表 A-3　液池蒸发模式参数
<table><tr><th>稳定度条件</th><th>n</th><th>α</th></tr><tr><td>不稳定（A，B）</td><td>0.2</td><td>3.846×10^{-3}</td></tr><tr><td>中性（D）</td><td>0.25</td><td>4.685×10^{-3}</td></tr><tr><td>稳定（E，F）</td><td>0.3</td><td>5.285×10^{-3}</td></tr></table>
液池最大直径取决于泄漏点附近的地域构型、泄漏的连续性或瞬时性。有围堰时，以围堰最大等效半径为液池半径；无围堰时，设定液体瞬间扩散到最小厚度时，推算液池等效半径。
（4）液体蒸发的总量
$$W_p = Q_1 t_1 + Q_2 t_2 + Q_3 t_3 \quad \text{（A-17）}$$
式中：W_p——液体蒸发总量，kg；
Q_1——闪蒸蒸发液体量，kg；
Q_2——热量蒸发速率，kg/s；
Q_3——质量蒸发速率，kg/s；
t_1——闪蒸蒸发时间，s；
t_2——热量蒸发时间，s；
t_3——从液体泄漏到液体全部处理完毕的时间，s。</td><td></td></tr>
<tr><td>喷射扩散</td><td>在进行喷射计算时，应以等价喷射孔口直径来计算。等价喷射的孔口直径按下式计算：
$$D = D_0\sqrt{\frac{\rho_0}{\rho}} \quad \text{（A-18）}$$
式中：D——等价喷射孔口，m；
D_0——裂口孔径，m；
ρ_0——泄漏气体的密度，kg/m^3；
ρ——周围环境条件下气体的密度，kg/m^3；
如果气体泄漏能瞬间达到周围环境的温度、压力状况，即 $\rho_0=\rho$，则 $D=D_0$。
（1）喷射的浓度分布
在喷射轴线上距孔口 x 处的气体浓度 $C(x)$ 为：</td><td>国家安全生产监督管理总局. 安全评价[M]. 北京：煤炭工业出版社，2005.</td></tr>
</table>

	泄漏量计算	
	$$C(x)=\frac{(b_1+b_2)/b_1}{0.32\frac{x}{D}\cdot\frac{\rho}{\sqrt{\rho_0}}+1-\rho} \quad \text{(A-19)}$$ 式中：b_1、b_2——分布函数，其表达式如下： $$\begin{aligned}b_1&=50.5+48.2\rho-9.95\rho^2\\ b_2&=23+41\rho\end{aligned} \quad \text{(A-20)}$$ 其余符号意义同前。 （2）喷射轴线上的速度分布 喷射速度随着轴线距离增大而减小，直到轴线上的某一点喷射速度等于风速为止，该点称为临界点，临界点以后的气体运动不再符合喷射规律。沿喷射轴线的速度分布由下式得出： $$\frac{V(x)}{V_0}=\frac{\rho_0}{\rho}\cdot\frac{b_1}{4}\left[0.32\frac{x}{D}\cdot\frac{\rho}{\rho_0}+1-\rho\right]\left(\frac{D}{x}\right)^2 \quad \text{(A-21)}$$ 式中：x——喷射轴线上距裂口某点的距离，m； $V(x)$——喷射轴线上距裂口 x 处一点的速度，m/s； V_0——喷射初速，等于气体泄漏时流经裂口时的速度，m/s； 其余字母含义同上。 按下式计算： $$V_0=\frac{Q_0}{C_d\rho\pi\left(\frac{D_0}{2}\right)^2} \quad \text{(A-22)}$$ 式中：Q_0——气体泄漏速度，kg/s； C_d——气体泄漏系数； D_0——裂口直径，m。	
绝热扩散	闪蒸液体或加压气体瞬时泄漏后，有一段快速扩散时间，假定此过程相当快以致在混合气团和周围环境之间来不及热交换，则此扩散称为绝热扩散。 根据 TNO（1979 年）提出的绝热扩散模式，泄漏气体（或液体闪蒸形成的蒸汽）的气团呈半球形向外扩散。根据浓度分布情况，把半球分成内外两层，内层浓度均匀分布，且具有50%的泄漏量；外层浓度呈高斯分布，具有另外 50%的泄漏量。 （1）气团扩散能 在气团扩散的第一阶段，扩散的气体（或蒸汽）的内能一部分用来增加动能，对周围大气做功。假设该阶段的过程为可逆绝热过程，并且是等熵的。 1）气体泄漏扩散能 根据内能变化得出扩散能计算公式如下：	国家安全生产监督管理总局. 安全评价[M]. 北京：煤炭工业出版社，2005.

泄漏量计算

$$E = C_v\left(T_1 - T_2\right) - 0.98P_0\left(V_2 - V_1\right) \quad \text{（A-23）}$$

式中：E——气体扩散能，J；

C_v——定容比热，J/kg·K；

T_1——气团初始温度，K；

T_2——气团压力降至大气压力时的温度，K；

P_0——环境压力，Pa；

V_1——气团初始体积，m^3；

V_2——气团压力降至大气压力时的体积，m^3。

2）闪蒸液体泄漏扩散能

蒸发的蒸气团扩散能可以按下式计算：

$$E = \left[H_1 - H_2 - T_b\left(S_1 - S_2\right)\right]W - 0.98\left(P_1 - P_0\right)V_1 \quad \text{（A-24）}$$

式中：E——闪蒸液体扩散能，J；

H_1——泄漏液体初始焓，J/kg；

H_2——泄漏液体最终焓，J/kg；

T_b——液体的沸点，K；

S_1——液体蒸发前的熵，J/kg·K；

S_2——液体蒸发后的熵，J/kg·K；

W——液体蒸发量，kg；

P_1——初始压力，Pa；

P_0——周围环境压力，Pa；

V_1——初始体积，m^3。

（2）气团半径与浓度

在扩散能的推动下气团向外扩散，并与周围空气发生紊流混合。

1）内层半径与浓度

气团内层半径 R_1 和浓度 C 是时间函数，表达如下：

$$R_1 = 2.72\sqrt{k_d \cdot t} \quad \text{（A-25）}$$

$$C = \frac{0.005\,97V_0}{\sqrt{\left(k_d \cdot t\right)^3}} \quad \text{（A-26）}$$

式中：t——扩散时间，s；

V_0——在标准温度、压力下气体体积，m^3；

k_d——紊流扩散系统，按下式计算：

$$k_d = 0.013\,7\sqrt[3]{V_0} \cdot \sqrt{E} \cdot \left[\frac{\sqrt[3]{V_0}}{t\sqrt{E}}\right]^{\frac{1}{4}} \quad \text{（A-27）}$$

	泄漏量计算	
	当中心扩散速度（dR/dt）降到一定值时，第二阶段才结束。临界速度的选择是随机的且不稳定的。扩散结束时扩散速度为 1 m/s，则在扩散结束时内层半径 R_1 和浓度 C 可按下式计算： $R_1 = 0.08837E^{0.3}V_0^{\frac{1}{3}}$ （A-28） $C = 172.95E^{-0.9}$ （A-29） 2）外层半径与浓度 第二阶段末气团外层的大小可根据实验观察得出，即扩散终结时外层气团半径 R_2 由下式求得： $R_2 = 1.456R_1$ （A-30） 式中：R_1、R_2——分别为气团内层、外层半径，m。 外层气团浓度自内层向外呈高斯分布。	

附录 B

	火灾、爆炸的后果分析	
池火	池火是一种常见的火灾形式，是可燃液体液面上的自然燃烧。泄漏到地面上，堤坝内液体的火灾，敞开的容器内液体的燃烧等均称为池火。池火模型一般按圆形液面计算，所以其他形状的液池应换算为等面积的圆池。对于无周边阻挡的连续泄漏，随着液池面积扩大燃烧速度加快，当燃烧速度等于泄漏速度时，液池直径达到最大。最大直径可按下式计算。 $$D=2\sqrt{\frac{Q}{\pi m_f}} \quad \text{(B-1)}$$ 式中：D——液池直径，m； Q——液体泄漏流量，kg/s； m_f——液体单位面积燃烧速率，kg/（m^2 • s）。 （1）燃烧速率。下面是广泛采用的液体单位面积燃烧速率的计算公式，当液体沸点高于环境温度时： $$m_f=\frac{cH_C}{C_P\left(T_b-T_a\right)+H_v} \quad \text{(B-2)}$$ 当液体沸点低于环境温度时： $$m_f=\frac{cH_C}{H_v} \quad \text{(B-3)}$$ 式中：m_f——液体单位面积燃烧速率，kg/（m^2·s）； c——常数，0.001 kg/（m^2·s）； H_C——液体燃烧热，J/kg； Hv——液体在常压沸点下的蒸发热，J/kg； C_P——液体的比定压热容，J/（kg • K）； T_b——液体的沸点，K； T_a——环境温度，K。 上面的计算方法忽略了液池大小对燃烧速率的影响，实际上同样条件下的液体在不同大小的池子中的燃烧速率是不同的。下面的半理论公式考虑了液池大小，参数由大量固体和液体实验关联，能得到与实验非常一致的结果：	

火灾、爆炸的后果分析

$$m_f = m_{f\infty}\left[1-\exp\left(-k\beta D\right)\right] \tag{B-4}$$

式中：m_f——液体单位面积燃烧速率，kg/（m²·s）；

$m_{f\infty}$——液体最大单位面积燃烧速率，kg/（m²·s）；

k——火焰的吸收衰减系数，m^{-1}；

β——气体有效厚度校正系数；

D——液池直径，m。

上式表明随着液池直径增加，单位面积燃烧速率是增加的，达到最大燃烧速率后保持不变。几种液体的燃烧参数（表 B-1）。

表 B-1 几种液体的燃烧参数

可燃液体	液化天然气	液化丙烷气	苯	二甲苯	汽油	煤油	甲醇
$m_{f\infty}$	0.078	0.099	0.085	0.090	0.055	0.039	0.015
$k\beta$	1.1	1.4	2.7	1.4	2.1	3.5	—

（2）火焰高度。池火的火焰长度按下式计算，

无风时：

$$L = 42D\left[\frac{m_f}{\rho_0\sqrt{gD}}\right]^{0.61} \tag{B-5}$$

有风时：

$$L' = 55D\left[\frac{m_f}{\rho_0\sqrt{gD}}\right]^{0.67}\left(\frac{u}{u_c}\right)^{-0.21} \tag{B-6}$$

式中：L——火焰长度，m；

D——液池直径，m；

m_f——液体单位面积燃烧速率，kg/（m²·s）；

ρ_0——空气密度，kg/m³；

g——重力加速度，9.8 m/s²；

u——10 m 高处风速，m/s；

u_c——特征风速，$u_c = \left[\frac{g m_f D}{\rho_0}\right]^{1/3}$，如果 $u < u_c$，则 u/u_c 取 1。

上面的式子表明，液池直径越大火焰越长；有风时火焰长度有所减少，但是，火焰向下风方向倾斜，加重了下风方向的热辐射危害，还可能危及附近高大设备（图 B-1）。

	火灾、爆炸的后果分析	
	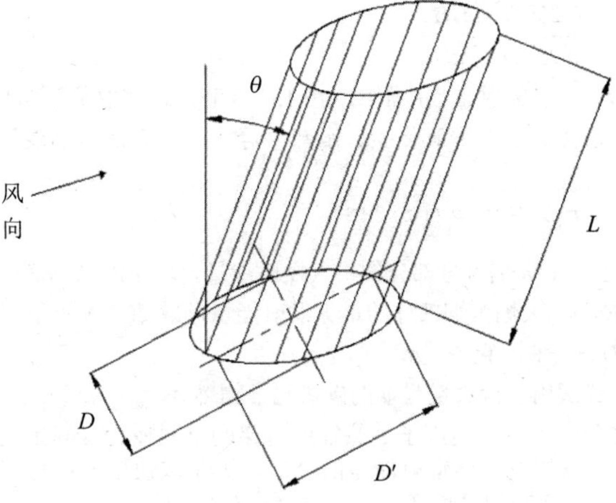 图 B-1 有风时池火示意图 火焰在风作用下向下风扩展，风向上直径为： $D'=1.5D\left(u^2/gD\right)^{0.069}$ （B-7） 与原液池直径之差称为后拖量。 火焰倾斜角可以按下式计算： $\frac{\tan\theta}{\cos\theta}=0.666\left(\frac{u}{gD}\right)^{0.333}\left(\frac{uD}{v}\right)^{0.117}$ （B-8） 式中：v——空气运动黏度，m^2/s； θ——火焰倾角。 $\cos\theta=\begin{cases}1, & u/u_c<1\\ \left(u/u_c\right)^{-0.5}, & u/u_c\geqslant 1\end{cases}$ （B-9） 在众多计算火焰倾角的公式中：上面的简单关系式被认为能给出最好的效果。 （3）热辐射通量。池周围距池中心 x 处的热辐射强度为： $q=Ev_F\tau$ （B-10） 式中：q——接收点热辐射通量，W/m^2； E——池火表面热辐射通量，W/m^2； v_F——几何视角因子； τ——大气透射率。 如果假设燃料燃烧的能量从圆柱状池火焰的侧面和上面均匀向外辐射，则池火焰表面热辐射能量为：	

	火灾、爆炸的后果分析	
	$$E=\frac{0.25\pi D^2 fm_f H_C}{0.25\pi D^2+\pi DL} \tag{B-11}$$ 式中：f——热辐射系数，范围为 0.13～0.35，保守取值为 0.35。 考虑黑烟以及一氧化碳、水蒸气等，火焰表面热辐能量可按下式计算。 $$E=E_f e^{-0.12D}+E_s\left(1-e^{-0.12D}\right) \tag{B-12}$$ 式中：E_f——火焰可见部分的最大发射能量，取 140 kW/m^2； E_s——火焰黑烟部分的最大发射能量，取 20 kW/m^2； D——液池直径，m。 上式适用于含大量黑烟的碳氢化合物燃烧。 视角因子：视角因子是热辐射传递的重要概念，其定义为接收体所能接收的发热体辐射能量的分数，大小取决于发射体和接收体的形状、距离和相对角度。 如图 B-2 所示，视角因子计算如下： $$v_F\left(A_1\to \mathrm{d}A_2\right)=\int_{A_1}\frac{\cos\beta_1\cos\beta_2}{\pi r^2}\mathrm{d}A_1 \tag{B-13}$$ 上式需要对整个火焰表面积分，结果往往非常复杂。对于如图 B-3 所示的池火，考虑高度 1 m 处的垂直于地面的接收体（例如站立的人），视角因子计算式如下。 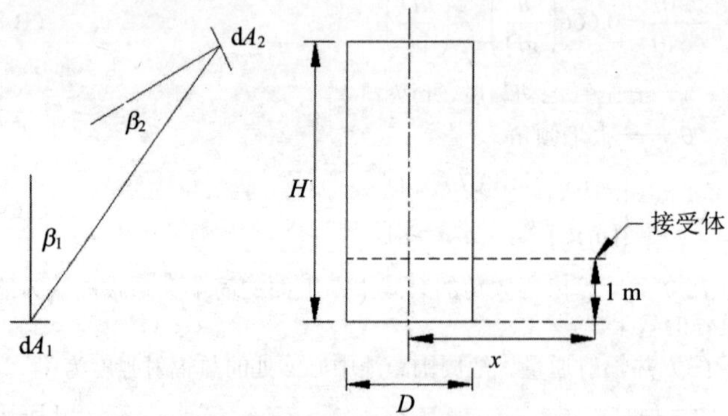 图 B-2　视角因子计算示意图　　图 B-3　池火视角因子计算示意图 $$v_F=\frac{1}{\pi}\frac{a}{b}\frac{a^2+b^2+1}{\sqrt{a^2+(b+1)^2}\sqrt{a^2+(b-1)^2}}\times\tan^{-1}\left[\frac{a^2+(b+1)^2}{a^2+(b-1)^2}\right]^{1/2}\left[\frac{b-1}{b+1}\right]^{1/2}$$ $$+\frac{1}{b}\tan^{-1}\left(\frac{a}{b^2-1}\right)-\frac{a}{b}\tan^{-1}\left(\frac{b-1}{b+1}\right)^{1/2} \tag{B-14}$$	

火灾、爆炸的后果分析

式中：$a=2H/D$；$b=2x/D$。

考虑水蒸气、二氧化碳等的影响，辐射的热量在传播过程中有损失，用大气透射率表示。常用的一种计算方法是：

$$\tau=1-0.058\ln x \tag{B-15}$$

另外一种常用的计算方法是：

$$\tau=1.11x^{-0.09} \tag{B-16}$$

两式的计算结果是非常接近的。

作为保守的估计，大气透射率取 1 也是可以接受的。

如何按点源模型处理池火，即假设全部热量由池中心点发出，则下面的简单模型是被广泛使用的。

$$q=\frac{fm_f H_C\tau}{4\pi x^2} \tag{B-17}$$

使用上式时通常可假定大气透射率为 1。

（4）热辐射破坏准则与伤害模型

1）破坏准则。热通量—热强度准则认为，目标能否被破坏不能由热通量或热强度一个参数决定，而必须由它们的组合来决定。如果以热通量 q 和热强度 Q 分别作力纵坐标和横坐标，那么，目标破坏的临界状态对应 q-Q 平面有一条临界曲线，如图 B-4 所示。曲线的右上方为伤害区，左下方为无伤害区，$Q=Q_{cr}$ 和 $q=q_{cr}$ 分别为渐近线，分别对应热强度准则中的临界热强度和热通量准则中的临界热通量。因此，热通量准则和热强度准则都是热通量—热强度准则的极限情况。

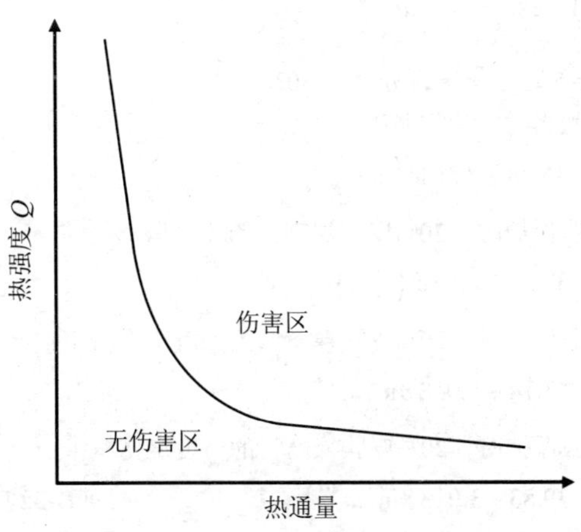

图 B-4 热辐射伤害区示意

不同热辐射水平下人的暴露极限见表 B-2，一些物品点燃所需热辐射通量见表 B-3。

火灾、爆炸的后果分析

表 B-2 不同热辐射水平下人的暴露极限

热辐射/（kW/m^2）	人体暴露极限
35.0～37.5	1 min 100%致死；10 s 1%致死
25.0	1 min 100%致死；10 s 重伤
12.5～15.0	1 min 100%致死；10 s 一度烧伤
9.5	8 s 到疼痛极限；20s 二度烧伤
4.0～4.5	20 s 以上引起疼痛；可能烧伤；0%致死
1.6	长时间暴露无不适感

表 B-3 一些物品点燃所需热辐射通量（10 min 暴露）

物品	热通量/（kW/m^2）	物品	热通量/（kW/m^2）
纸	20.4	聚苯乙烯	18
木材	32	聚丙烯	20
聚氨酯	18	聚甲基丙烯酸甲酯	18
聚乙烯	20	聚氯乙烯	21
尼龙	29		

2）热辐射伤害概率模型。热辐射伤害也常用概率模型描述。概率与伤害百分率的关系为：

$$D = \int_{\infty}^{P_r-5} \exp\left(-\frac{u^2}{2}\right)\mathrm{d}u \quad (B-18)$$

当 P_r=5 时，伤害百分率为 50%。

皮肤裸露时的死亡概率：

$$P_r = -36.28 + 2.56\ln\left(tq^{4/3}\right) \quad (B-19)$$

有衣服保护时（20%皮肤裸露）的死亡概率：

$$P_r = -37.23 + 2.56\ln\left(tq^{4/3}\right) \quad (B-20)$$

有衣服保护时（20%皮肤裸露）的二度烧伤概率：

$$P_r = -43.14 + 3.0188\ln\left(tq^{4/3}\right) \quad (B-21)$$

有衣服保护时（20%皮肤裸露）的一度烧伤概率：

$$P_r = -39.83 + 3.0188\ln\left(tq^{4/3}\right) \quad (B-22)$$

关于人的暴露时间，对于火球，采用火球持续时间；对于池火和喷射火，可取 30 s 或 40 s，此时间范围内，在较低热辐射通量下人可以逃生。

分析过程中通常都按 50%伤害率计算。对于财产损失，可以按引燃木材所需热通量计算：

<table>
<tr><td></td><td>火灾、爆炸的后果分析</td><td></td></tr>
<tr><td></td><td>$$g = 6\,730t^{4/3} + 25\,400 \qquad \text{(B-23)}$$
暴露时间一般取燃烧持续时间。</td><td></td></tr>
<tr><td>喷射火</td><td>高压气体从裂口高速喷出后被点燃，就形成喷射火。喷射火的长度可以认为等于喷口到燃烧浓度下限的长度，热量认为是从中心轴线上一系列相等的辐射源发出，每一点源的热通量为：
$$E = \frac{fQH_C}{n} \qquad \text{(B-24)}$$
式中：f——燃烧效率因子，取 0.35；
n——假设的点源数；
Q——泄漏流量，kg/s。
则距离点源 x_i，处某点接收的热辐射通量为：
$$q_i = \frac{X_p E}{4\pi x_i^2} \qquad \text{(B-25)}$$
式中：X_p——发射因子，取 0.2。
总热通量是各点热辐射的和（图 B-5）：
$$q = \sum_{i=1}^{n} q_i \qquad \text{(B-26)}$$ 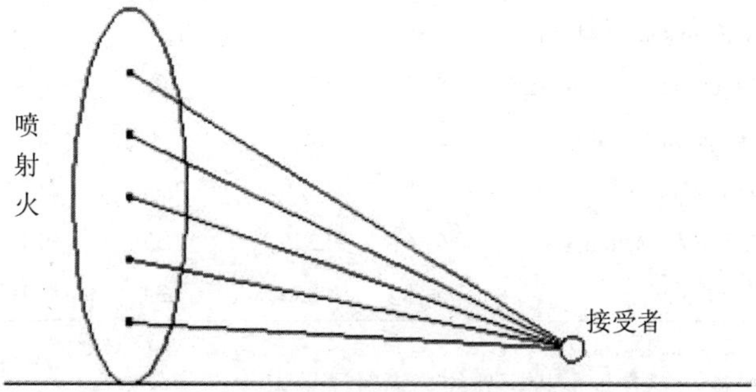
图 B-5 喷射火热辐射计算示意
辐射点源的数目可以任意选取，但对于后果分析来说，取 5 点就可以了。该模型没有考虑风的影响，因为一般喷射速度比风速大得多。在低压喷射时，风速的影响比较明显，在下风向接收热量会更多。如果风使喷射火焰偏离了轴线，则该模型不适用。</td><td></td></tr>
<tr><td>火球</td><td>火球，也称为沸腾液体扩展蒸汽爆炸（Boiling Liquid Expanding Vapour Explosion，BLEVE）。当压力容器受外界热量的作用使槽壁强度下降并突然破坏，储存的过热液体或液化气体突然释放并被点燃，形成巨大火球。火球的危害主要是热辐射而不是爆炸冲击波，强烈的热辐射可能造成严重的人员伤亡和财产损失。
火球直径和火球持续时间可按下面的公式计算：</td><td></td></tr>
</table>

火灾、爆炸的后果分析

$$D = 5.8W^{1/3} \tag{B-27}$$

$$t = 0.45W^{1/3} \tag{B-28}$$

式中：W——火球中消耗的可燃物的质量，kg。

对于单罐储存，W 取罐容量的 50%；对于双罐储存，W 取罐容量的 70%；对于多罐储存，W 取罐容量的 90%。

火球在燃烧时一般会升离地面，其高度也有模型描述，保守的估计可以认为火球没有离开地面。

类似上述指数关系描述的火球直径、持续时间和可燃物质量的关系还有许多，见表 B-4。由表中数据可知，火球直径与可燃物质量接近 1/3 次幂的关系是比较一致的，其他参数则相差较远，而各种模型均有使用，表明沸腾液体扩展蒸汽爆炸的研究还需进一步深入。

表 B-4　常见火球模型

模型	D=aMb		t=cMd	
	a	b	c	d
Lihou 和 Maund	3.51	0.33	0.32	0.33
Roberts	5.8	0.33	0.45	0.33
Pietersen，TNO	6.48	0.325	0.825	0.26
Williamson 和 Mann	5.88	0.333	1.09	0.167
Moorhouse 和 Pritchard	5.33	0.327	1.09	0.327
Haegawa 和 Sato	5.28	0.277	1.1	0.097
Fay 和 Lews	5.28	0.33	2.53	0.17
Lihou 和 Maund	6.36	0.325	2.57	0.167
Rai P K	5.45	0.333	1.34	0.167

距火球在地面投影处的热辐射通量为：

$$g = Ev_F\tau \tag{B-29}$$

火球表面热辐射通量为：

$$E_1 = \frac{fWH_C}{\pi D^2 t} \tag{B-30}$$

上式实际上假定火球在持续时间内辐射热量是恒定不变的。设 f 是燃烧辐射分数，是容器压力的函数：

$$f = f_1 p^{f_2} \tag{B-31}$$

常数 f_1= 0.27，f_2=0.32；p 为容器内压力，单位是 MPa。在没有可靠数据时，f 可取 0.3。

	火灾、爆炸的后果分析	
	大气透射率的取值与池火讨论相同。考虑最简单、最保守的情况，地平面垂直于接收体与火球中心连线，则视角因子按下式计算： $v_F = \frac{D_2}{4l^2}$ （B-32） 如图 B-6 所示，显然 $L = \sqrt{h^2 + x^2}$ ， 所以， $q = \frac{fWH_C\tau}{4\pi t\left(h^2 + x^2\right)}$ （B-33） 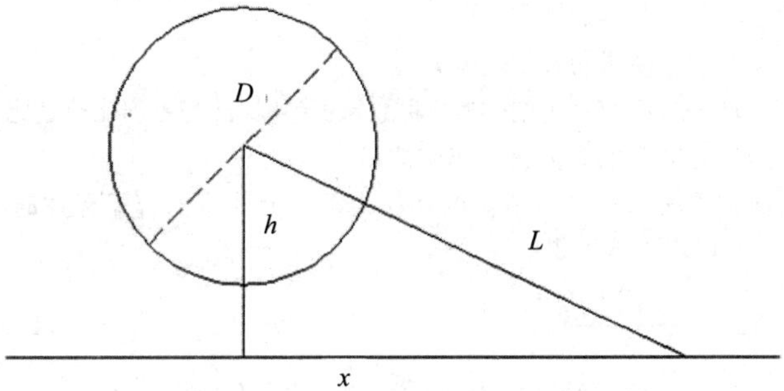 图 B-6 火球辐射示意 即辐射接收体 若忽略火球高度的影响，上式也可化为一种常用的简化形式： $q = \frac{fWH_C\tau}{4\pi tx^2}$ （B-34） 伤害模型同池火。	
固体火灾	固体火灾的热辐射参数按点源模型估计。此模型认为火焰射出的能量为燃烧的一部分，并且辐射强度与目标至火源中心距离的平方成反比，即 $q_r = fM_cH_c/\left(4\pi x^2\right)$ （B-35） 式中： q_r ——目标接受到的辐射强度， W/m^2； f ——辐射系数，可取 $f = 0.25$ ； M_c ——燃烧速度，kg/s； H_c ——燃烧热，J/kg； x ——目标至火源中心间的水平距离，m。	汪元辉．安全系统工程 [M]. 天津：天津大学出版社，1999. 国家安全生产监督管理总局. 安全评价 [M]. 北京：煤炭工业出版社，2005.

<table>
<tr><td></td><td>火灾、爆炸的后果分析</td><td></td></tr>
<tr><td>爆炸</td><td>爆炸分物理爆炸和化学爆炸两大类。
1. 物理爆炸
（1）压缩气体与水蒸气容器爆破能量
当压力容器中介质为压缩气体，即以气态形式存在而发生物理爆炸时，其释放的爆破能量为：
$$E_g = \frac{PV}{k-1}\left[1-\left(\frac{0.1013}{P}\right)^{\frac{k-1}{k}}\right]\times 10^3 \quad \text{(B-36)}$$
式中：E_g——气体的爆破能量，kJ；
P——液体的压力，Pa；
V——容器的容积，m^3；
k——气体的绝热指数，即气体的定压比热与定容比热之比。
（2）介质全部为液体时爆破能量
通常用液体加压时所做的功作为常温液体压力容器爆炸时释放的能量，计算公式如下：
$$E_L = \frac{(P-1)^2 V\beta_t}{2} \quad \text{(B-37)}$$
式中：E_L——常温液体压力容器爆炸时释放的能量，kJ；
P——液体的压力（绝），Pa；
V——容器的体积，m^3；
β_t——液体在压力 P 和温度 T 下的压缩系数，Pa^{-1}。
（3）液化气体与高温饱和水的爆破能量
过热状态下液体在容器破裂时释放出爆破能量可按下式计算：
$$E = \left[(H_1 - H_2) - (S_1 - S_2)T_1\right]W \quad \text{(B-38)}$$
式中：E——过热状态液体的爆破能量，kJ；
H_1——爆炸前液化液体的焓，kJ/kg；
H_2——在大气压力下饱和液体的焓，kJ/kg；
S_1——爆炸前饱和液体的熵，kJ/kg・℃；
S_2——在大气压力下饱和液体的熵，kJ/kg・℃；
T_1——介质在大气压力下的沸点，℃；
W——饱和液体的质量，kg。
饱和水容器的爆破能量按下式计算：
$$E_w = C_w V \quad \text{(B-39)}$$
式中：E_w——饱和水容器的爆炸能量，kJ；
V——容器内饱和水所占的容器，m^3；</td><td>国家安全生产监督管理总局. 安全评价 [M]. 北京：煤炭工业出版社，2005.</td></tr>
</table>

火灾、爆炸的后果分析

C_w——饱和水爆破能量系数，kJ/ m^3。

2. 爆炸伤害准则

爆炸伤害准则有超压准则、冲量准则、超压—冲量准则三种。

超压一冲量准则可以用下式表示：

$$(\Delta p - p_{cr})(I - I_{cr}) = C \tag{B-40}$$

式中：Δp——超压；

p_{cr}——临界超压；

I——冲量；

I_{cr}——临界冲量：

C——常数，与目标性质和破坏等级有关。

下面图 B-7 表示产生破坏和不产生破坏的区间，超压准则和冲量准则可以视为超压—冲量准则的两个极限情况。当冲量小时，伤害主要由超压决定；当超压小时，伤害主要由冲量决定。

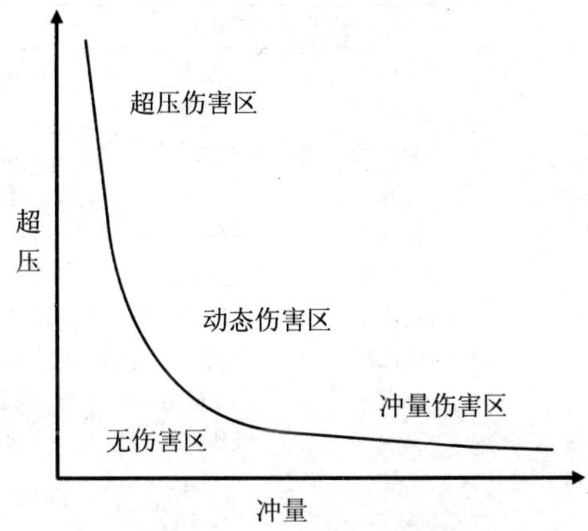

图 B-7 超压—冲量准则伤害区示意

3. 蒸汽云爆炸伤害模型

（1）TNT 当量法。TNT 当量计算公式如下：

$$W_{TNT} = \frac{\alpha W_f Q_f}{Q_{\mathrm{TNT}}} \tag{B-41}$$

式中：W_{TNT}——蒸汽云的 TNT 当量，kg；

W_f——蒸汽云中燃料的总质量，kg；

α——蒸汽云爆炸的效率因子，表明参与爆炸的可燃气体的分数，一般取 3%或 4%；

Q_f——蒸汽的爆炸热，MJ/kg；

Q_{NTN}——TNT 的爆炸热，一般取 4.52 MJ/kg。

	火灾、爆炸的后果分析	

对于底面爆炸，由于地面反射作用使爆炸威力几乎加倍，一般应乘以地面爆炸系数 1.8。

爆炸中心与给定超压间的距离可以按下式计算：

$$x = 0.3967W_{TNT}^{1/3}\exp\left[3.5031 - 0.7241\ln\Delta p + 0.0398(\ln\Delta p)^2\right] \quad (B-42)$$

式中：x——距离，m；

Δp——超压，psi（1 psi=6.9 kPa）。

爆炸射击的总能量中只有一小部分真正对爆炸有贡献，这一分数称为效率因子。效率因子是爆炸后果分析中最重要也是最难准确知道的参数，其范围为 2%～20%。对于多数脂肪烃，通常推荐值是 3%；对于某些烯烃，观察到大约是 6%。含氧燃料趋向于高的效率因子，可以达到 16%～18%。表 B-5 列出了一些化学物质的效率因子。

表 B-5 一些化学物质的效率因子

效率因子 3%的物质			
乙醛	乙烷	甲烷	乙酸丙酯
丙酮	乙醇	甲醇	丙烯
丙烯腈	乙酸乙酯	乙酸甲酯	二氯丙烷
乙酸戊酯	乙胺	甲胺	苯乙烯
戊醇	乙苯	甲基丁基酮	四氟乙烯
苯	氯乙烷	氯甲烷	甲苯
丁二烯	甲酸乙酯	甲基乙基酮	乙酸乙烯酯
丁烷	丙酸乙酯	甲酸甲酯	氯乙烯
丁烯	糠醇	甲硫醇	偏氯乙烯
乙酸丁酯	庚烷	甲基丙基酮	水煤气
一氧化碳	己烷	萘	二甲苯
氰	氢氰酸	异辛烷	
甲基异丙基苯	氢	戊烷	
癸烷	硫化氢	石油醚	
二氯苯	异丁醇	邻苯二甲酸酐	
二氯乙烷	异丁烯	丙烷	
二甲醚	异丙醇	丙醇	
效率因子 6%的物质			
丙烯醛	乙醚	乙烯	甲基乙烯酯
二硫化碳	乙烯醚	亚硝酸乙酯	环氧丙烷
环己烷			
效率因子 19%的物质			
乙炔	硝酸乙酯	硝酸异丙酯	硝基甲烷
亚乙基氧	联氨	丙炔	乙烯基乙炔

火灾、爆炸的后果分析

超压的损害效应见表 B-6。

表 B-6 爆炸超压的损害效应

超压 psi	超压 kPa	预期损害
0.1	0.69	小窗户损坏
0.15	1.035	玻璃损坏的典型压力
0.30	2.07	10%玻璃破裂
0.5	3.45	窗户损坏，房屋结构较小的破坏
0.7	4.83	对人可逆影响的上限
1.0	6.90	房屋部分损坏；金属板扭曲；玻璃碎片划伤
2.0	13.8	墙和屋顶部分坍塌
2.4	16.56	暴露人员的耳膜破裂
2.5	17.25	人员致死的临界量
3.0	20.7	钢结构建筑扭曲和基础位移
5.0	34.5	木结构断裂
10	69.0	几乎所有建筑坍塌，肺出血
20	138	直接冲击波造成 100%死亡

（2）爆炸伤害概率模型。可以用概率模型描述超压造成的轻、重伤以及死亡情况，下式是超压与致死的概率模型：

$$p_r = 2.47 - 1.37\ln\Delta p \qquad \text{(B-43)}$$

式中：p_r——概率；

Δp——超压，psi。

概率与死亡率的关系见表 B-7。$p_r = 5$ 时的死亡率为 50%，根据上式可求出相应的超压是 13.1 psi（90.4 kPa）。

表 B-7 概率与死亡率换算

死亡率/%	0	1	2	3	4	5	6	7	8	9
0		2.67	2.95	3.12	3.25	3.36	3.45	3.52	3.59	3.66
10	3.72	3.77	3.82	3.87	3.92	3.96	4.01	4.5	4.08	4.12
20	4.16	4.19	4.23	4.26	4.29	4.33	4.36	4.39	4.42	4.45
30	4.48	4.50	4.53	4.56	4.59	4.61	4.64	4.67	4.69	4.72

火灾、爆炸的后果分析

死亡率%	0	1	2	3	4	5	6	7	8	9
40	4.75	4.77	4.80	4.82	4.85	4.87	4.90	4.92	4.95	4.97
50	5.00	5.03	5.5	5.08	5.10	5.13	5.15	5.18	5.20	5.23
60	5.25	5.28	5.31	5.33	5.36	5.39	5.41	5.44	5.47	5.50
70	5.52	5.55	5.58	5.61	5.64	5.67	5.71	5.74	5.77	5.81
80	5.84	5.88	5.92	5.95	5.99	6.04	6.08	6.13	6.18	6.23
90	6.28	6.34	6.41	6.48	6.55	6.64	6.75	6.88	7.05	7.33
		0.1	0.2	0.3	0.4	0.5	0.6	0.7	0.8	0.9
99	7.33	7.37	7.41	7.46	7.51	7.58	7.65	7.75	7.88	8.09

下面是常用的一个根据超压—冲量准则和概率模型得到的死亡半径公式：

$$R_{0.5}=13.6\left(\frac{W_{\mathrm{TNT}}}{1\,000}\right)^{0.37} \tag{B-44}$$

死亡率取 50%，可以认为此半径内的人员全部死亡，半径以外无一人死亡，这样可以使问题简化。

财产损失半径可按下式计算：

$$R=\frac{4.6W_{\mathrm{TNT}}^{1/3}}{\left[1+\left(\frac{3175}{W_{\mathrm{TNT}}}\right)^{2}\right]^{1/6}} \tag{B-45}$$

附录 C

<table>
<tr><td></td><td>污染物在水体中扩散模式和浓度计算</td><td></td></tr>
<tr><td>混合均匀A湖泊中有毒污染物浓度的预测模型</td><td>1. 有毒污染物浓度的平衡方程（图 C-1）。
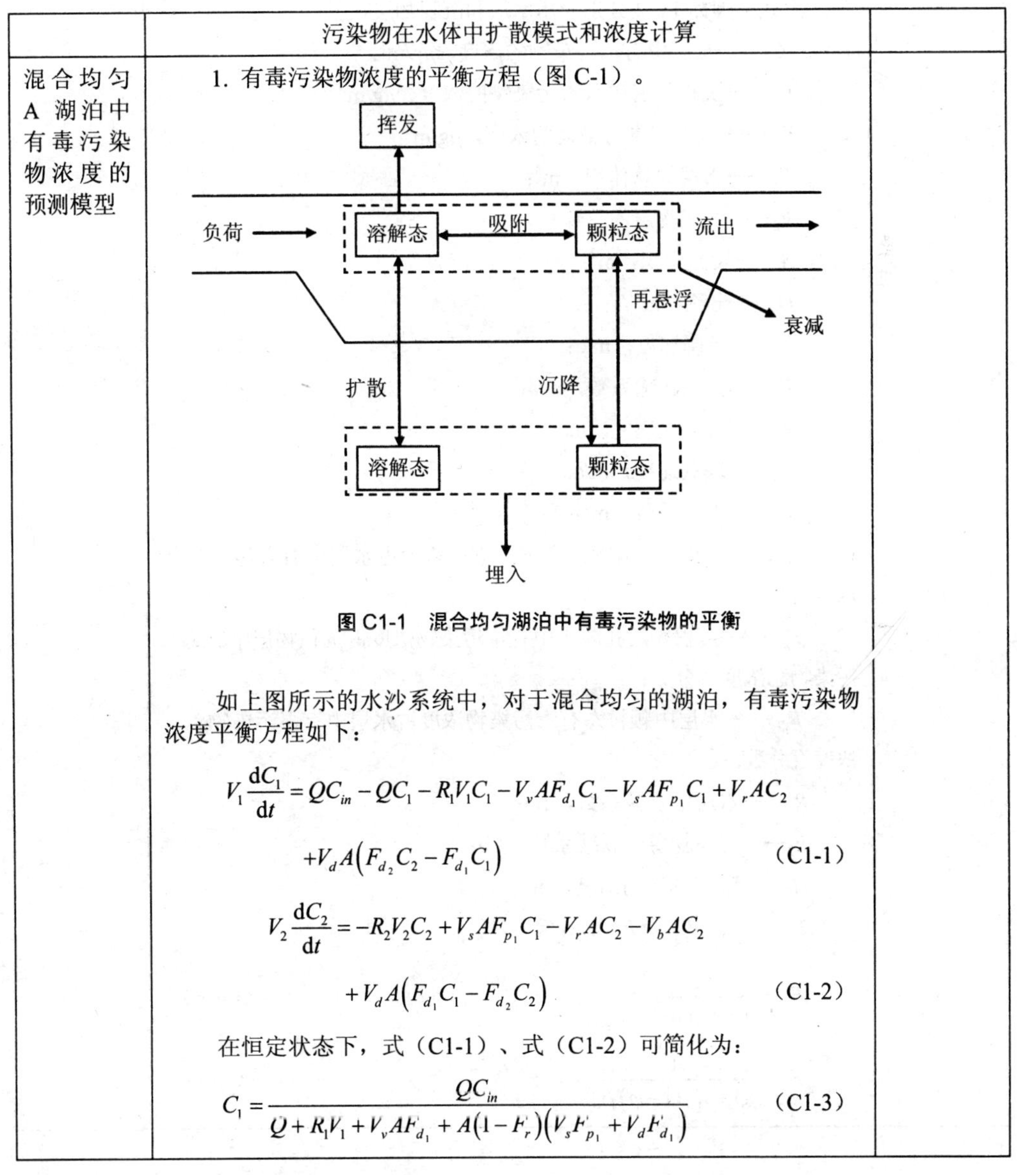

图 C1-1　混合均匀湖泊中有毒污染物的平衡

如上图所示的水沙系统中，对于混合均匀的湖泊，有毒污染物浓度平衡方程如下：
$$V_1\frac{\mathrm{d}C_1}{\mathrm{d}t}=QC_{in}-QC_1-R_1V_1C_1-V_vAF_{d_1}C_1-V_sAF_{p_1}C_1+V_rAC_2+V_dA\left(F_{d_2}C_2-F_{d_1}C_1\right)\qquad \text{（C1-1）}$$
$$V_2\frac{\mathrm{d}C_2}{\mathrm{d}t}=-R_2V_2C_2+V_sAF_{p_1}C_1-V_rAC_2-V_bAC_2+V_dA\left(F_{d_1}C_1-F_{d_2}C_2\right)\qquad \text{（C1-2）}$$
在恒定状态下，式（C1-1）、式（C1-2）可简化为：
$$C_1=\frac{QC_{in}}{Q+R_1V_1+V_vAF_{d_1}+A\left(1-F_r\right)\left(V_sF_{p_1}+V_dF_{d_1}\right)}\qquad \text{（C1-3）}$$</td><td></td></tr>
</table>

$$C_2 = \frac{V_s F_{p_1} + V_d F_{d_1}}{R_2 H_2 + V_r + V_b + V_d F_{d_2}} \bullet C_1 \quad \text{(C1-4)}$$

其中，$$F_r = \frac{V_r + V_d F_{d_2}}{R_2 H_2 + V_r + V_b + V_d F_{d_2}} \quad \text{(C1-5)}$$

如果忽略沉积物的反馈作用，F_r=0；如果反馈作用很大，F_r=1。

上式中脚标 1、2 分别表示水层和沉积物层。

式中：C_1——水层中有毒污染物的浓度，μg/m^3；

C_2——沉积物层中有毒污染物的浓度，μg/m^3；

C_{in}——流入有毒污染物的浓度，μg/m^3；

V_1——水层的总体积，m^3；

V_2——沉积物层的总体积，m^3；

A——表面面积，m^2；

Q——出流，m^3 /a；

V_s——沉降速度，m/a；

V_v——挥发传输系数，m/a；

V_r——再悬浮速度，m/a；

V_b——埋藏速度，m/a；

V_d——扩散系数，m/a；

F_{d_1} ——水层中溶解态有毒污染物浓度占水层中有毒污染物总浓度百分数；

F_{d_2} ——沉积物层孔隙水中有毒污染物浓度占沉积物层中有毒污染物总浓度百分数；

F_{p_1} ——水层中颗粒态有毒污染物浓度占水层中有毒污染物总浓度百分数；

R_1——水层中衰减系数，1/a；

R_2——沉积物层中衰减系数，1/a；

H_2——沉积物层的高度，m。

2. F_{d_1}、F_{d_2} 和 F_{p_1} 的计算方法

$$F_{d_1} = \frac{1}{1 + K_d m_1} \quad \text{(C1-6)}$$

$$F_{d_2} = \frac{1}{\varphi + K_d (1-\varphi)\rho} \quad \text{(C1-7)}$$

$$F_{p_1}=\frac{K_d m_1}{1+K_d m_1}=1-F_{d_1} \quad \text{(C1-8)}$$

$$\varphi=\frac{\bar{V}d_2}{V_2} \quad \text{(C1-9)}$$

$$\rho=\frac{M_2}{\bar{V}_{p_2}} \quad \text{(C1-10)}$$

式中：m_1——水层中有毒污染物悬浮固体的浓度，g/m^3；

K_d——有毒污染物的分配系数，g/ m^3；当 m 从 1g/ m^3（相当清澈的湖水）到 100 g/ m^3，比较混浊的河流分配系数由 10^{-4} 到 1 000；

φ——孔隙率；

$\bar{V}_{d_2}$——沉积物层液体的体积，m^3；

ρ——沉积物层的密度，g/ m^3；

M_2——沉积物层中固体物的质量，g；

$\bar{V}_{p_2}$——沉积物层中固体物的体积，m^3。

3. m_1 的计算方法

混合均匀湖泊中水层和沉积物层中固体物浓度的平衡方程如下：

$$V_1\frac{\mathrm{d}m_1}{\mathrm{d}t}=Qm_{in}-Qm_1-V_sAm_1+V_rAm_2 \quad \text{(C1-11)}$$

$$V_2\frac{\mathrm{d}m_2}{\mathrm{d}t}=V_sAm_1-V_rAm_2-V_bAm_2 \quad \text{(C1-12)}$$

式中：m_{in}——流入悬浮固体的浓度，g/m^3；

m_2——沉积物层中悬浮固体的浓度，g/m^3；

定义：

$$m_2=\frac{M_2}{V_2}-(1-\varphi)\rho \quad \text{(C1-13)}$$

恒定状态时，式（C1-12）、式（C1-13）可简化为：

$$m=\frac{Q}{Q+V_sA(1-F_r)}m_{in} \quad \text{(C1-14)}$$

式中：$$F_r=\frac{V_r}{V_r+V_b} \quad \text{(C1-15)}$$

$$V_b=\frac{Q(m_{in}-m)}{A(1-\varphi)\rho} \quad \text{(C1-16)}$$

	$$V_r = V_s \frac{m}{(1-\varphi)\rho} - V_b \quad \text{（C1-17）}$$	
有毒污染物在河流中的浓度预测模型	1. 有毒污染物固体物浓度平衡方程 对于断面均匀的河流，水流的“清洗”作用在恒定状态下，有毒污染物固体物的平衡方程如下： $$m_2 \frac{V_r}{H_1} - u\frac{\mathrm{d}m}{\mathrm{d}x} - \frac{V_s}{H} m_1 = 0 \quad \text{（C1-18）}$$ $$V_s m_1 - V_r m_2 - V_b m = 0 \quad \text{（C1-19）}$$ 底部沉积物有： 式中：u——河流中水流的速度，m/d； H——河流总深度，m； H_1——水层深度，m； m——河流中有毒污染物的固体物浓度，g/m^3； m_1，m_2——水中及沉积物底层有毒污染物的固体物浓度，g/m^3； V_s，V_r，V_b——分别为泥沙的沉降、再悬浮及埋入速度，m/d。 根据式（C1-18）和式（C1-19），可得： $$0 = -u\frac{\mathrm{d}m}{\mathrm{d}x} - \frac{V_n}{H} m_1 \quad \text{（C1-20）}$$ 其中：$V_n = V_s\left(1 - F_r'\right)$，$F_r' = \frac{V_r}{V_r + V_b}$（C1-21） 当 V_n=0，在浅水水流中可以忽略泥沙的累积作用，此时水中固体物的浓度为常数。 此时：$m_2 = (1-\varphi)\rho$（C1-22） $$m_1 = m_0 e^{-\frac{V_s}{H_1 u}X} + \frac{V_r(1-\varphi)\rho}{V_s} \cdot \left(1 - e^{-\frac{V_s}{H_1 u}X}\right) \quad \text{（C1-23）}$$ 式中：m_0——有毒污染物固体物初始浓度，g/m^3； X——下游距初始处的距离，m。 当 $V_n < 0$，在深水水流中，泥沙总是沉降的，水中固体浓度减少。 当 $V_n > 0$，此时为冲刷，水中固体物浓度是增加的。 2. 有毒污染物的浓度平衡方程 假定悬浮固体物的浓度为常数，对均匀断面水流系统（恒定）	

<table>
<tr>
<td></td>
<td>

有毒污染物的平衡方程为：

$$0=-u\frac{\mathrm{d}C}{\mathrm{d}x}-K_1C_1-\frac{V_v}{H_1}F_{d_1}C_1-\frac{V_s}{H}F_{p_1}C_1+\frac{V_d}{H}\left(F_{d_2}C_2-F_{d_1}C_1\right)+\frac{V_r}{H_1}C_2 \quad (\text{C1-24})$$

底部沉积层：

$$0=V_sF_{p_1}C_1+V_d\left(F_{d_1}C_1-F_{d_2}C_2\right)-K_2H_2C_2-V_2C_2-V_bC_2 \quad (\text{C1-25})$$

根据式（C-19）和式（C-24）可得：

$$C_2=\frac{V_sF_{p_1}+V_dF_{d_1}}{V_dF_{d_2}+R_2H_2+V_r+V_b}C_1 \quad (\text{C1-26})$$

$$C_1=C_0\bullet e^{-\frac{V_T}{H_1u}X} \quad (\text{C1-27})$$

式中：$V_T=R_1H_1+V_vF_{d_1}+\left(V_sF_{p_1}+V_dF_{p_1}\right)\left(1-F_r\right)$ （C1-28）

$$F_r=\frac{V_r+V_dF_{d_2}}{R_2H_2+V_r+V_b+V_dF_{d_2}} \quad (\text{C1-29})$$

上述公式中字母含义与混合均匀湖泊预测模型中含义相同。

</td>
<td></td>
</tr>
<tr>
<td></td>
<td>海湾、河口的油污染计算</td>
<td></td>
</tr>
<tr>
<td>浅海水动力模型</td>
<td>

浅海潮流水动力模型常用的是平面二维模型，其工作方程为：

连续方程：$\frac{\partial z}{\partial t}+\frac{\partial(Hu)}{\partial x}+\frac{\partial(Hv)}{\partial y}=0$ （C2-1）

动力方程：

$$\frac{\partial u}{\partial t}+u\frac{\partial u}{\partial x}+v\frac{\partial u}{\partial y}+g\frac{\partial z}{\partial x}+g\frac{\left|\overline{V}\right|u}{C^2H}-\frac{\overline{W_x}}{H}-fu=\frac{\partial}{\partial x}\left(\varepsilon_x\frac{\partial u}{\partial x}\right)+\frac{\partial}{\partial y}\left(\varepsilon_y\frac{\partial u}{\partial y}\right) \quad (\text{C2-2})$$

$$\frac{\partial v}{\partial t}+u\frac{\partial v}{\partial x}+v\frac{\partial v}{\partial y}+g\frac{\partial z}{\partial y}+g\frac{\left|\overline{U}\right|v}{C^2H}-\frac{\overline{W_y}}{H}+fv=\frac{\partial}{\partial x}\left(\varepsilon_x\frac{\partial v}{\partial x}\right)+\frac{\partial}{\partial y}\left(\varepsilon_y\frac{\partial v}{\partial y}\right) \quad (\text{C2-3})$$

式中：z（x，y，t）——水位值；

u（x，y，t）、v（x，y，t）——垂线平均 x、y 方向的流速分量，该三值为未知函数；

$\overline{W}$——风应力；

</td>
<td></td>
</tr>
</table>

<table>
<tr><td></td><td>

f——地球自转效应的柯氏力系数；
ε_x、ε_y——涡动系数；
H——水深。
上述方程式（C2-1）、式（C2-2）、式（C2-3）的解法有特征值法、直接有限差分法、显隐格式的交替差分法以及有限元法，可以在参考文献[208]中找到这些方法的具体计算公式，本文介绍适合于边界条件多变的显示迎风有限元法，对上述方程尚有：
初始条件：Z（x，y，0）：Z^*（带*为已知值）
U（x，y，0）= V（x，y，0）=0
边界条件：水边界：Z（x，y，t）=Z^*（x，y，t）
陆边界：$\overline{V}n(x,\ y,\ z)=0$（$n$ 为法线方向）
将水域划分为三节点的三角形单元，可以得到
$Z_j^{n+1}=Z_j^n-\Delta t\left(\overline{\beta Hu^n}+\overline{\gamma Hv^n}\right)/2\Delta$ （C2-4）
$U_j^{n+1}=U_j^n-\Delta t\left\{U_j^n\left(\frac{\overline{\beta u}}{2\Delta}\right)_i^n\Big|T_x^i+U_j^n\left(\frac{\overline{\gamma u}}{2\Delta}\right)_i^n\Big|T_\gamma^j+g\frac{\overline{\beta z^{n+1}}}{2\Delta}-fV_j^n\right.$
$\left.+\frac{g}{c^2}\left(\frac{UV}{H^{n+1}}\right)_j^n-\left(\frac{\overline{W_x}}{H^{n+1}}\right)_j\right\}+\left(\varepsilon_{x,\ j}\beta_j\overline{\beta u^n}+\varepsilon_{y,\ j}\overline{\gamma\gamma u^n}\right)/4\Delta^2$ （C2-5）
$V_j^{n+1}=V_j^n-\Delta t\left\{V_j^n\left(\frac{\overline{\beta u}}{2\Delta}\right)_i^n\Big|T_x^i+V_j^n\left(\frac{\overline{\gamma v}}{2\Delta}\right)_i^n\Big|T_x^j+g\frac{\overline{\gamma z^{n+1}}}{2\Delta}+fU_j^n\right.$
$\left.+\frac{g}{c^2}\left(\frac{VU}{H^{n+1}}\right)_j^n-\left(\frac{\overline{W_y}}{H^{n+1}}\right)_j\right\}+\left(\varepsilon_{x,\ j}\beta_j\overline{\beta v^n}+\varepsilon_{y,\ j}\overline{\gamma\gamma v^n}\right)/4\Delta^2$ （C2-6）
式中：Δ——三角形单元面积；
γ，β——单元参数，上横线"—"表示节点 j 所在单元三个节点量的累加，如 $\gamma Hv=\sum_{i=1}^{3}\gamma_j H_j V_j$。
对于求解的全部 z，u，v 的数据应储存在计算机内部以便在求油的浓度、油膜轨迹时取用。

</td><td></td></tr>
<tr><td>油（乳化油）的浓度计算模型</td><td>排放口排放的污水含有一定油的浓度，事故排放或突发性事故，油膜（或油块）在波浪的作用下也会破碎乳化溶于水中，为此可以按对流扩散方程计算油在潮流作用下的浓度时空变化，其基本方程为：</td><td></td></tr>
</table>

<table>
<tr><td></td><td>

$$\frac{\partial C}{\partial t}+u\frac{\partial C}{\partial x}+v\frac{\partial C}{\partial y}=\frac{1}{H}\left[\frac{\partial}{\partial x}\left(E_x H\frac{\partial C}{\partial x}\right)+\frac{\partial}{\partial y}\left(E_y H\frac{\partial C}{\partial y}\right)\right]-K_1 C+f$$

（C2-7）

式中：$f=\frac{q_0 C_0}{\Delta \bullet H}$——源强；

Δ——三角形有污染面的面积；

H——油膜混合的深度，取值有多种说法，一种认为是一个波高的水深，另外根据油浓度的垂线分布取 2 m 水深已占了大多数，而波高也是大约这样的量级。

对（C2-3）式的离散格式为：

$$C_n^{n+1}=C_j^n-\Delta t\left\{U_j^n\left(\frac{\overline{\beta c^n}}{2\Delta}\right)_i^n\left|T_x^i+V_j^n\left(\frac{\overline{\gamma c^n}}{2\Delta}\right)_i^n\right|T_\gamma^j\right.$$

$$\left.-\left(E_x\beta_j\overline{\beta C}+E_y\overline{\gamma\gamma D}\right)_j^n\Big/4\Delta^2+KC_j^n\right\}+f_i \quad (C2\text{-}8)$$

式中的各种符号意义同前文所述（u，v，h 或 z 为动力模型结果）可以得到各种油浓度的等浓度线的平面分布，它可以用做连续源、突发事故瞬时源油浓度的计算结果。

</td><td></td></tr>
<tr><td>油膜扩展计算公式</td><td>

生产上常遇到的突发事故溢油的油膜计算的 P，C，Blokker 公式。

$$D_t^3=D_0^3+\frac{24}{\pi}k\left(\gamma_w-\gamma_0\right)\frac{\gamma_0}{\gamma_w}V_0 t \quad (C2\text{-}9)$$

式中：D_t——t 时刻后油膜的直径，m；

D_0——油膜初始时刻的直径，m；

γ_w、γ_0——水和石油的比重（γ_0=0.8）；

V_0——计算的溢油量，1 113；

k——常数，中东原油 k = 15 000/min；

t——时间，min。

</td><td></td></tr>
<tr><td>油溢出事故中心的追踪模型</td><td>

油膜中心点的速度除受潮流影响外，还受风的影响，故在方程式（C2-2）、式（C2-3）中均有 $\overline{W_x},\overline{W_y}$ 为风应力的计算项，一般可用下式计算：

$$\overline{W_x}=K\rho_0|W|W_x$$

$$\overline{W_y}=K\rho_0|W|W_y$$

</td><td></td></tr>
</table>

式中：$\overline{W_x},\overline{W_y}$——风应力的 x，y 分量；

$|W|$——风速的绝对值（海面 10 m 高处风速）；

K=2.6×10^{-3} 系数；

ρ_0——空气密度：1.25×10^{-3}g/cm^3。

在式（C2-5）、式（C2-6）中进行求解可以得到包括了风应力对水流的影响。

另一种更简便的方法是

$$\vec{V}=\vec{V}_{流水}+b\vec{V}_{风} \tag{C2-10}$$

其中 b=0.035，即风速作用到水面上的流速影响可以取风速的3.5%与潮流速直接叠加即可。

在此基础上，用 Lagrange 无质点标记点运动轨迹可以得到逐时质点的位置，即

$$x_i(t_n)=x_i(t_{n-1})+\int_{n-1}^{n}\Big\{U_e\big[x_i(t_{n-1}),\ t\big]+\int_{n-1}^{n}U_e\big[x_i(t_{n-1}),t'\big]\mathrm{d}t'\nabla U_e\big[x_i(t_{n-1}),\ t\big]\Big\}\mathrm{d}t \tag{C2-11}$$

式中：U_e（x，y，t）——欧拉流速；

下脚标 i——无质量标记点号；

n——时步号；

∇——梯度算子符号。

利用三节点等参数三角元面积坐标，易于求新的内点流速

$$U_e(x,\ y,\ t)=U_{ej}\varphi_j \tag{C2-12}$$

其中：$\varphi_j=\dfrac{A_j}{A}$，$A=A_1+A_2+A_3$ 为三角点某点的面积。

由于油膜轨迹计算的数值储存量很大，且所需的地形、水文信息量均很大，不便举例，但此类计算已在国内广泛应用，只是这些已实际应用的情况均未详细考虑到泥沙的吸附、石油的挥发等细部问题，而是作为更宏观的估算。

陆上溢油后果估算

地下水油污染预测可采用水质模型、水量模型和水位动态模型等。针对储运系统事故性溢油，可采用水质模型预测。

水质模型常采用近似解法、水动力渗流网法、解析解法和数值解法等。

对事故性溢油，特别是溢油发生在水源井的影响范围内时，采用近似解法是适宜的。

近似解法把复杂的弥散方程简化为水动力方程，其精度不高，

	但便于应用，尤其便于事故危害估算应用。 判断水源地能否被污染，一个较简单的方法是利用渗流场水动力网图，根据计算的污染源边缘点和补给边界流量函数值加以比较判定。 对于无限边界的任一点（x，y）的流量函数（ψ）计算按下式： $\psi=\frac{1}{h}\left(qy+\frac{Q}{2\pi}\theta\right)$　（C3-1） 补给边界上的流量函数（ψ_N）为： $\psi_N=\frac{Q}{h}$　（C3-2） $q=khi$　（C3-3） 式中：ψ——流量函数； h——含水层厚度，m； Q——水源地开采量，m^3/d； θ——从 x 轴算起的角度（取正值）； q——地下水天然单宽流量； k——渗透系数，m/s； i——地下水水面坡降。 在无限含水层条件下，设污染源边缘点的流量函数为 ψ_1，当 $\psi_1<\psi_N$ 时，含油污渗油对地下水造成污染，其可能出现的最大浓度按下式计算： $C_{\max}=C_e+\frac{\Delta Q_{污}}{Q}\left(C_{污}-C_e\right)$　（C3-4） 式中：$C_{\max}$——最大浓度，mg/L； C_e——地下水中油污染背景浓度，mg/L； $C_{污}$——渗入油污水浓度，mg/L； $\Delta Q_{污}$——可能进入水源的最大污水量，m^3/d； Q——水源地开采量，m^3/d。 其中 $\Delta Q_{污}$ 按式（C3-5）～式（C3-7）计算为： 当污染源位于补给线内（图 C3-1 中的 1 点），则： $\Delta Q_{污}=h\left(\psi_2-\psi_1\right)$　（C3-5） 式中：ψ_2、ψ_1——污染源两个边缘点的流量函数。 当污染源位于补给线边缘（图 C3-1 中的 2 点），即一边在内，一边在外，则：	

$$\Delta Q_{污}=h\left(\psi_N-\psi_1\right) \tag{C3-6}$$

当污染源位于水源地上游 x 轴的两侧（图 C3-1 中的 3 点），则

$$\Delta Q_{污}=h\left(\psi_1-\psi_2\right) \tag{C3-7}$$

当污染源位于水源地下游补给带内的 z 轴两侧（图 C3-1 中的 4 点），则

$$\Delta Q_{污}=Q-h\left(\psi_1+\psi_2\right) \tag{C3-8}$$

对于源地补给区内含油污水从一点沿流线到水源地所需时间，对于无限边界的单井可用（C3-9）式计算：

$$T=\frac{nh}{q}\left\{x-\frac{Q}{2\pi q}\ln\left[\frac{x}{y}\sin\frac{2\pi q}{Q}y+\cos\left(\frac{2\pi q}{Q}y\right)\right]\right\} \tag{C3-9}$$

式中：符号同前。

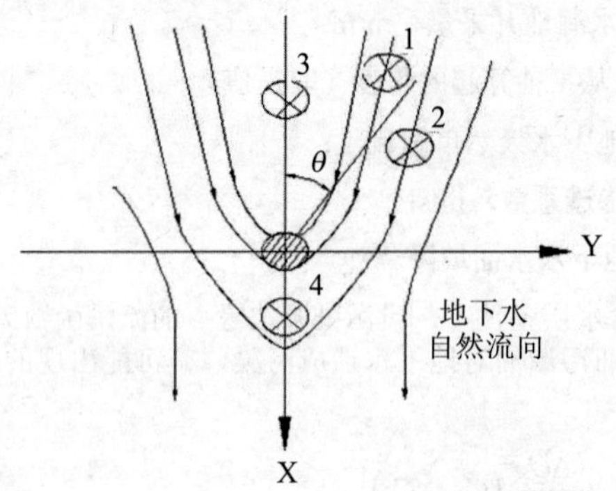

图 C3-1　水源地流网

附录 D

<table>
<tr><td></td><td>污染物在土壤中的浓度计算</td><td></td></tr>
<tr><td>土壤表面的总沉积量</td><td>事故期间释放的有毒污染物烟云飘过生长有 j 类植物的区域时，土壤表面 i 类有毒污染物的总沉积量可采用下式进行估算：
$$A_{sij}\left(t_e\right)=C_iV_{d_{ij,\max}}\left(1-f_a\frac{LAI_j}{LAI_{j,\max}}\right)\Delta t+\left(1-f_{wi}\right)\sum_k\{\frac{8\Lambda_{ik}Q_i}{\pi uk}\Delta t_k\} \quad \text{(D-1)}$$
其中，$$f_{wi}=\frac{LAI_jS_j}{R}\left[1-\exp\left(\frac{-\ln 2}{S_j}R\right)\right] \quad \text{(D-2)}$$
式中：$A_{sij}\left(t_e\right)$——沉积结束时刻土壤表面 f 类有毒污染物的总沉积量，g/m^2；
$V_{d_{ij,\max}}$——i 类有毒污染物向，i 类植物的最大沉积速度，即 j 类植物叶子生长最茂盛时的沉积速度，m/s，表 D-1 中给出导则推荐值；
LAI_j——沉积结束时刻的，j 类植物的叶面积指数；
$LAI_{j,\max}$——j 类植物的最大叶面积指数；
t_e——沉积结束时刻，s；
C_i——事故发生后某处地面空气中 i 类有毒污染物的浓度，g/m^3；
f_a——未被叶面截获而到达土壤的份额，在此可取 f_a=0.5；
Δt——有毒污染物烟云飘过计算区的时间长度，s，一般取事故持续释放时间；
Q_i——i 类有毒污染物的源强，g/s；
Λ_{ik}——烟云飘过期间发生的第七次降水过程（降水强度 I_k）所对应 i 类有毒污染物的冲洗系数，1/s，表 D-2 中给出冲洗系数参考值；
Δt_k——烟云飘过期间发生的第 k 次降水过程的持续时间，s；
f_{wi}——j 类植物的截获份额；
S_j——j 类植物的有效贮水能力，mm；
R——有毒污染物烟云飘过期间的降水总量，mm。</td><td></td></tr>
</table>

表 D-1 沉积速度 $V_{d_{ij,\max}}$

表面类型	粒子态元素沉积速度/10^{-3} m/s
土壤	0.5
牧草	1.5
树	5
其他植物	2

表 D-2 其他离子态元素的冲洗系数

降水强度 I/（mm/h）	粒子态元素冲洗系数 Λ/s-1
<1	2.9×10^{-5}
1～3	1.22×10^{-4}
>3	2.9×10^{-4}

土壤表层有毒污染物的浓度

土壤表层是指 0～0.1 cm 土壤层。

对于生长有 j 类植物的土壤表层，土壤表层 i 类有毒污染物的浓度可由下式给出：

$$A_{sij}(t)=A_{sij}(t_e)\exp\left[-(\lambda_{per})(t-t_e)\right] \quad \text{(D-3)}$$

式中：$A_{sij}(t)$——沉积事件结束后经 t 时刻，在生长 j 类植物的土壤表层中 i 类有毒污染物的浓度，g/kg；

λ_{per}——入渗常数，需根据实际做对比实验确定。

土壤根系区域有毒污染物的浓度

土壤根系区域是指 0.1～25 cm 土壤层。

进入根系区的有毒污染物浓度由下式给出：

$$A_{sij}(t)=\left\{A_{sij}(t_e)\left[1-\exp\left(-\lambda_{per}(t-t_e)\right)\right]/\rho L\right\}\exp\left[-(\lambda_s+\lambda_f)(t-t_e)\right] \quad \text{(D-4)}$$

式中：$A_{sij}(t)$——沉积事件结束后经 t 时刻，在生长 j 类植物的土壤表层中 i 类有毒污染物的浓度，g/kg；

L——根系区土壤深度，m，对生长牧草的土壤，L 取为 0.1 m，对于耕田，L 取 0.25 m；

ρ——土壤密度，kg/m^3；

λ_s——元素通过浸出过程迁移出根系区域造成浓度减少的常数，L/d；

λ_f——被土壤固着的速率常数，L/d。

有毒污染物在植物根部的吸收	因根部吸收贡献的植物中 i 类有毒污染物的浓度由下式给出： $A_{srij}(t)=B_{vij}A_{rij}(t)f_{gj}$ （D-5） $f_{gj}=\dfrac{\text{沉积结束至}j\text{类植物采集的时间(d)}}{j\text{类植物整个生长期(d)}}$ （D-6） $B_{vij}=\dfrac{j\text{类植物(干重)中}i\text{类有毒污染物浓度(g/kg)}}{\text{土壤(干重)中}i\text{类有毒污染物浓度(g/kg)}}$ （D-7） 式中：$A_{srij}(t)$——t 时刻因根部吸收贡献的 j 类植物中 i 类有毒污染物的浓度，g/kg； B_{vij}——j 类植物对土壤中 f 类有毒污染物的摄入转移因子； f_{gj}——时间份额因子。	

附录E

	污染物暴露剂量的计算	
人体摄入率	人体食入途径有毒污染物摄入率可由下式估算： $$A_{Hi}(t)=\left\{\sum_{j}A_{ijT}(t_p)V_j(t)F_{rj}/P_{ej}\right\}+\left\{\sum_{k}C_{mki}(t_s)V_k(t)F_{rk}/P_{ek}\right\}\quad\text{（E-1）}$$ 式中：$A_{Hi}(t)$——t 时刻人体对 i 类有毒污染物摄入速率，g/d; $A_{ijT}(t_p)$——采集时 t_p 第 j 类植物中 i 类有毒污染物浓度，g/kg; F_{rj} 和 F_{rk}——分别为 j 类植物与 k 类动物产品加工滞留因子； P_{ej} 和 P_{ek}——分别为 j 类植物与 k 类动物产品的加工效率； $C_{mki}(t_s)$——m 类动物宰割时 t_s，k 类动物产品中 i 类有毒污染物浓度，g/kg 或 g/L; $V_j(t)$ 与 $V_k(t)$——不同年龄组居民对 j 类植物制品与 k 类动物产品的日消费量，kg/d。	
有毒污染物对人体暴露剂量的计算	通常以个体或人群终生日平均暴露剂量率来表示： $$D=C\bullet M/70\quad\text{（E-2）}$$ 式中：D——暴露人群终生日平均暴露剂量率，mg/（kg·d）； C——有毒污染物在环境介质中平均浓度（饮水 mg/L，空气 mg/m^3，食物 g/kg……）； M——成人某环境介质的日均摄入量（饮水 L/d，空气 m^3/d，食物 g/d……）； 70——成人平均体重，kg。	

附录 F

	污染物环境预测无影响浓度的计算	
	有毒污染物的环境预测无影响浓度（*PNEC*）可由下式计算： $$PNEC=\frac{L(E)C_{50}或NOEC}{a} \quad （F-1）$$ 式中：*PNEC*——预测无影响浓度； LC_{50}——半数致死浓度； EC_{50}——半数影响浓度； *NOEC*——未观察到影响的浓度； *a*——评价因子。 评价因子的确定可参考下表。	

表 F-1 评价因子

已知信息	评价因子
急性毒性实验的 $L(E)C_{50}$	1 000
一项慢性实验的 *NOEC*	100
两个营养级水平的 *NOEC*	50
三个营养级水平的至少三个物种的 *NOEC*	10
野外数据/标准生态的数据	根据实际情况而定

附录 G

<table>
<tr><td></td><td>有阈化合物参考剂量和无阈化合物致癌强度系数的计算</td><td></td></tr>
<tr><td>有阈化合物的参考剂量</td><td>某种有阈化合物的参考剂量 RfD（或参考浓度 RfC）的计算公式：
$$RfD(\text{或}RfC)=\frac{NQAEL}{UF} \quad \text{(G-1)}$$
式中：RfD（或 RfC）——某种有阈化合物的参考剂量（参考浓度）；
NOAEL——未观察到不良效应的最高剂量，可用 LOAEL 代替；
UF——不确定系数，无量纲。
不确定系数：$UF=F_1F_2F_3 \cdot MF$ （G-2）
式中：F_1——种间不确定系数，F_1=1～10，从动物实验外推至人时，F_1取 10；
F_2——种内不确定系数，F_1=1～l0，用于补偿人群中的不同敏感性时，F_2取 10；
F_3——毒性性质不确定系数，F_3=1～10，如 NOAEL 不是从慢性实验中获得，F_3取 10；
MF——资料完整性的不确定系数，MF=1～10，例如只有一种种属动物的实验结果时，MF 取 10。</td><td></td></tr>
<tr><td>无阈化合物的致癌强度系数</td><td>1. 根据动物实验数据计算人的致癌强度系数
（1）求动物致癌强度系数 q_1^*（动物）。选用美国 EPA 为计算 q_1^*（动物）而设计的线性多阶模型专门程序（GLOBAL82 及 86）。
（2）将动物的致癌强度系数 q_1^*（动物）转换为人的致癌强度系数 q_1^*（人）。根据种属间等效剂量的转换，假设动物与人对致癌物效应的敏感度是相同的，则转换公式如下：
$$q_1^*(\text{人})=q_1^*(\text{动物})\cdot\frac{SA(\text{人})}{SA(\text{动物})} \quad \text{(G-3)}$$
或 $$q_1^*(\text{人})=q_1^*(\text{动物})\cdot\left[\frac{BW(\text{人})}{BW(\text{动物})}\right]^{1/3} \quad \text{(G-4)}$$
式中：$q_1^*(\text{人})$——人的致癌强度系数，[mg/（kg·d）]$^{-1}$；
$q_1^*(\text{动物})$——实验动物的致癌强度系数 95%上限，[mg/（kg·d）]$^{-1}$；
SA——体表面积，m^2；
BW——体重，kg。</td><td></td></tr>
</table>

	2. 根据人群流行病学资料计算致癌强度系数 $$Q=\frac{\left[RR(D)-1\right]}{D}\cdot LR \qquad (G-5)$$ 式中：Q——以人群资料估算的致癌强度系数，[mg/（kg・d）]$^{-1}$，相当于 $q_1^*(人)$； RR——暴露人群患癌的相对风险，无量纲； D——暴露人群的终生日均暴露剂量，mg/（kg・d）； LR——当地整体人群（对照）中个体的终生患癌风险，无量纲。 暴露人群的终生日均暴露剂量 D 的计算方法参见附录 E。	

附录H

	污染物暴露人群的风险表征	
人群终生超额风险度	$$R_1(D)=A\cdot\left[\frac{D\times10^{-6}}{RfD}\right] \quad \text{(H-1)}$$ 式中：R_1（D）——有毒污染物通过某种暴露途径在 D 剂量下可致的人群终生超额风险度，无量纲； D——有毒污染物经某种暴露途径摄入的日均暴露剂量，mg/（kg・d）； RfD——有毒污染物的参考剂量，mg/（kg・d）； 10^{-6}——与 RfD 相对应的可接受风险水平，[mg/（kg・d）]$^{-1}$； A——对 10^{-6} 的修正因子，通常假设 A=1。	
人群终生患癌超额风险度	$$R_2(D)=q_1^*(\text{人})\cdot D\text{或}R_2(D)=Q\cdot D \quad \text{(H-2)}$$ 式中：$R_2(D)$——有毒污染物通过某种暴露途径在 D 剂量下可致的人群终生患癌超额风险，无量纲； D——个体终生日均暴露剂量，mg/（kg・d）； $q_1^*(\text{人})$——由动物数据推算出的人的致癌强度系数 [mg/（kg・d）]$^{-1}$； Q——由人的流行病学资料推算的人的致癌强度系数 [mg/（kg・d）]$^{-1}$； 终生——指 0 岁人群的期望寿命，为 70 年。	
人群年患癌超额风险度	$$R_3(D)=R_2(D)/70 \quad \text{(H-3)}$$ 式中：$R_3(D)$——人群年患癌超额风险，无量纲。	
人群超额病例数	$$EC=R_3(D)\cdot AG/70\cdot\sum P_n \quad \text{(H-4)}$$ 式中：EC——人群超额病例数； AG——标准人群平均年龄（按近年人口普查数据）； P_n——平均年龄 n 的年龄组人数。	

附录Ⅰ

	水域污染事故渔业损失计算方法规定	
污染事故渔业损失量的计算	污染事故中的渔业损失量，是指污染源直接或间接污染渔业水域造成鱼、虾、蟹、贝、藻等及珍稀、濒危水生野生动植物死亡或受损的数量。计算方法的选择应根据事故水域的类型、水文状况、受污染面积的大小以及受损害资源的种类而定。 1. 围捕统计法 （1）应用范围：适用于能进行围捕操作的水域，其污染事故水域面积在万亩以下。 （2）围捕设点和计算方法：在事故水域中，设置具有代表性的围捕点 8～10 个，每个围捕点的面积 1.33～3.33 hm^2，在围捕中，按种类和规格（苗种、成品）分别统计水产生物死亡量和具有严重中毒症的水产生物数量。 围捕点及各点面积的设定由渔政监督管理机构根据受污染水域的具体状况决定。 （3）计算方法：各围捕点单位面积平均损失量=各围捕点单位面积损失（包括中毒量）之和÷围捕点数；事故水域总损失量=单位面积平均损失量×事故水域总面积+群众捕捞的损失量；水域面积在万亩以上，或其损失密度分有呈明显区域性的养殖水域，分别围捕统计，总损失量等于各区域的损失量之和。 2. 调查估算法 （1）应用范围：适用于难以设点围捕的大面积增殖、养殖水域。 （2）估算方法：① 调查养殖单位当年投放苗种的分类放养量，以养殖单位提供的发票、生产原始记录和旁证为准，并由渔政监督管理机构核定。② 以粗养为主的应考虑原有天然渔业资源量。③ 由渔政监督管理机构组织有关单位或事故双方评估事故水域中的损失量（F_1）。④ 由渔政机构抽样调查群众自发性捕捞的损失量（F_2）。⑤ 总损失量 $Y=F_1+F_2$。 3. 统计推算法 （1）精养池塘或小面积渔业水域： 事故水域的损失量=当年计划全部产量−已捕产量 $当年计划全部产量=当年投放的苗种数量\times\frac{前3年公顷平均产量}{前3年公顷均放苗种数}$ （2）养殖、增殖水面（包括港湾、湖泊、水库、外荡等）。推算公式： $Y=F+F_1+F_2$	

$$F=\left(M \cdot X \cdot N-F'\right) \cdot S \cdot P$$

$$F_1=\left(\text{上年放养增殖量-上年起捕量}\right) \cdot P$$

式中：Y——总损失量（kg）；

F——当年放养水产生物的损失量（kg）；

F_1——上年剩余水产生物损失量（kg）；

F_2——自然繁殖水产生物的损失量（kg）；

M——公顷放苗种数（尾、只、棵/hm^2）；

X——成活率（%）；

N——起捕规格（kg/尾、只、棵）；

F——已捕产量（kg/hm^2）；

S——受污面积（hm^2）；

P——受污水产生物损失率（%）。

（3）滩涂养殖和围塘养殖：

$$Y=\left(M \cdot X \cdot N-F'\right) \cdot S \cdot P$$

字母含义同上。

各因子的确定：M、N、X、F' 由污染受害单位或个人出具证明，当地渔政监督管理构审核：S，P 由污染受害单位或个人提供情况，当地渔政监督管理机构组织有关部门查确定。

（4）虾、蟹、贝、藻损失量的推算方法：

$$Y=K\frac{S \cdot M \cdot X}{N}-F_1$$

式中：Y——总损失量（kg）；

F_1——污染面积内收获产量（kg）；

K——养殖技术、养殖环境等因素的综合参考系数；

S——受污染面积（hm^2）；

M——公顷放苗种数量（只、棵、尾）；

X——成活率（%）；

N——成品规格（只、棵、尾/kg）。

注：由于养殖环境、养成水平等差异，造成各地养成产量参差不齐，故设 K 值系数，系数的具体数值可参考当地历年产量和本年度产量等因素而定。

附录 J

	事故树的定量分析	
直接分步计算法	事故树分析是一种表示导致灾害事故的各种因素之间的因果及逻辑关系图。 （1）逻辑加（或门连接的事件）的概率计算公式： $g(x_1 \cup x_2 \cup ... \cup x_n)$ $= 1-(1-q_1)(1-q_2)...(1-q_n)$　　（J-1） $= 1-\prod_{i=1}^{n}(1-q_i) = P_0$ 式中：g——最终环境事故（或门事件）发的概率函数； P_0——或门事件的概率； g_i——第 i 个基本事件的概率； n——输入事件树。 （2）逻辑乘（与门连接的事件）的概率计算公式： $g(x_1 \cap x_2 \cap ... \cap x_n)$ $= q_1 q_2 ... q_n$　　（J-2） $= \prod_{i=1}^{n} q_i = P_A$ 式中；P_A——与门事件的概率； 其他符号同上。 注：直接分步算法使用适用于事故树规模不大，而且事故树中无重复事件时使用。	国家安全生产监督管理总局. 安全评价[M]. 北京：煤炭工业出版社，2005.
最终环境事故发生概率	1. 最小割集计算最终环境事故发生的概率 与门的结构函数： $\Phi(X) = \bigcap_{i=1}^{n} x_i = \prod_{i=1}^{n} x_i$　　（J-3） 或门的结构函数： $\Phi(X) = \bigcap_{i=1}^{n} x_i = 1-\prod_{i=1}^{n}(1-x_i) = \bigcup_{i=1}^{n} x_i$　　（J-4） 式中：x_i——第 i 个基本函数； n——基本事件数。 根据最小割集的定义，如果在割集中任意去掉一个基本事件，就不成为割集。换句话说，也就是要求最小割集中全部全部基本事件都发生，该最小割集才存在，即	国家安全生产监督管理总局. 安全评价[M]. 北京：煤炭工业出版社，2005.

	事故树的定量分析	
	$$G_r = \bigcap_{i \in G_r} x_i \tag{J-5}$$ 式中：G_r——第 i 个最小割集； x_i——第 i 个最小割集中的基本事件。 在事故数中，一般有多个最小割集，只要存在一个割集，最终环境事故就会发生，因此，事故树的结构函数为： $$\Phi(X) = \bigcup_{r=1}^{N_G} G_r = \bigcup_{r=1}^{N_G} \bigcap_{i \in G_r} x_i \tag{J-6}$$ 式中：N_G——系统中最小割集数； 其他符号同上。 因此，若各个最小割集中彼此没有重复的基本事件，可按下式计算最终环境事故的发生概率： $$g = \bigcup_{r=1}^{N_G} \prod_{x_i \in G_r} q_i \tag{J-7}$$ 式中：N_G——系统中的最小割集； r——最小割集序数； i——基本事件序数； $x_i \in G_r$——第 i 个基本事件的=属于第 r 个最小割集； q_i——第 i 个基本事件的概率。 当最小割集中有重复事件时，必须将式（J-7）展开，用布尔代数消除每一个概率积中的重复事件得： $$g = \sum_{r=1}^{N_G} \prod_{x_i \in G_r} q_i - \sum_{1 \leqslant r < s \leqslant N_G} \prod_{x_i \in G_r \bigcup G_s} q_i + \ldots + (-1)^{N_G - 1} \prod_{r=1}^{N_G} q_i \tag{J-8}$$ 式中：r、s——最小割集序数； $\sum\limits_{r=1}^{N_G}$ ——求 N 项代数和； $x_i \in G_r$ ——属于第 r 个最小割集的第 i 个基本事件； $\sum\limits_{1 \leqslant r < s \leqslant N_G} \prod\limits_{x_i \in G_r \bigcup G_s}$ ——表示属于任意两个最小割集的基本事件概率和的代数和； $x_i \in G_r \bigcup G_s$ ——表示第 i 个基本事件或属于第 r 个最小割集，或属于第 s 个最小割集； $1 \leqslant r < s \leqslant N_G$——任意两个最小割集的组合顺序。 2. 利用最小径集计算最终环境事故发生的概率可按下式计算： $$g = \prod_{r=1}^{N_P} \bigcup_{x_i \in P_r} q_i = \prod_{r=1}^{N_P} [1 - \bigcap_{x_i \in P_r} (1 - q_i)] \tag{J-9}$$ 式中：N_P——系统中最小径集数； r——最小径集序数； i——基本事件序数；	

	事故树的定量分析	
	$x_i \in P_r$——第 i 个基本事件属于 r 个最小径集； q_i——第 i 个基本事件的概率。 如果事故树中最小径集中彼此有重复事件，则式（J-9）不成立，需要将其展开，消去概率积中基本事件 x_i 不发生概率 $(1-q_i)$ 的重复事件，即： $$g=1-\sum_{r=1}^{N_P}\prod_{x_i\in P_r}(1-q_i)+\sum_{1\leqslant r<s\leqslant N_P}\prod_{x_i\in P_r\bigcup P_s}(1-q_i)-\ldots$$ $$+(-1)^{N_P-1}\prod_{\substack{r=1\\x_i\in P_r}}^{N_P}(1-q_i) \quad \text{（J-10）}$$ 式中符号同上。 3. 化相交集为不交集合展开法求最终环境事故发生的概率 此方法将事故树的最小割（径）集中的相容事件化为不相容事件，即将最小割（径）集的相交集合化为不相交集合。 设事故树有两个最小割集 G_1、G_2。由于 G_1、G_2 具有相交性（即含有相同的基本事件），因此，最终环境事故发生概率，不等于最小割集 G_1 的发生概率和最小割集 G_2 的发生概率之和。但是可以证明，G_1 与 $\overline{G_1}G_2$ 一定不相交。根据布尔代数运算规则，若有 N 个最小割集，则可写成通式： $$T=\bigcup_{i=1}^{N_G}G_i=G_1+\overline{G_1}(G_2\bigcup G_3\bigcup\ldots\bigcup G_n)$$ $$=G_1+\overline{G_1}G_2+\overline{\overline{G_1}G_2}(\overline{G_1}G_3\bigcup\overline{G_1}G_4\bigcup\ldots\bigcup\overline{G_1}G_n) \quad \text{（J-11）}$$ 4. 最终环境事故发生概率的近似计算 （1）首项近似法 根据利用最小割集计算最终环境事故发生概率的公式（J-8），设： $$\sum_{r=1}^{N_G}\prod_{x_i\in G_r}q_i=F_1$$ $$\sum_{1\leqslant r<s\leqslant N_G}\prod_{x_i\in G_r\bigcup G_s}q_i=F_2$$ $$\sum_{r=1}^{N_G}\prod_{x_i\in G_r}q_i=F_N$$ 则式（J-8）可改写为： $$g=F_1-F_2+\ldots+(-1)^{N-1}F_N \quad \text{（J-12）}$$ 逐次求出 F_1、F_2、…、F_N 的值，当认为满足计算精确度时即停止计算。通常 $F_1\geqslant F_2$，$F_2\geqslant F_3$，…，在近似计算时往往求出 F_1 就能满足要求，即 $$g\approx F_1=\sum_{r=1}^{N_G}\prod_{x_i\in G_r}q_i \quad \text{（J 13）}$$	

<table>
<tr><td></td><td>事故树的定量分析</td><td></td></tr>
<tr><td></td><td>（2）平均近似法
为了提高计算精度，取首项与第二项之的差作为近似值：
$g \approx F_1 - 1/2F_2$ （J-14）</td><td></td></tr>
<tr><td>重要度分析</td><td>1. 结构重要度系数求法
在事故树分析中，各基本事件是按两种状态描述的，设 x_i 表示基本事件 i，则有：
$$x_i = \begin{cases} 1 & \text{基本事件发生} \\ 0 & \text{基本事件不发生} \end{cases}$$
各基本事件状态的不同组合，又构成最终环境事故的不发生状态，因此，最终环境事故相应的两种状态，用结构函数表示为：
$$\Phi(X) = \begin{cases} 1 & \text{顶上事件发生} \\ 0 & \text{顶上事件不发生} \end{cases}$$
n 个基本事件两种状态的互不相容的组合数共有 2^n 个。当把第 x_i 个基本事件作为变化对象时，其余（n−1）个基本事件的状态对应保持不变的对照组共有 2^{n-1} 个组合。在这 2^{n-1} 个对照组中共有多少是属于第一种情况，这个比值就是该事件 x_i 的结构重要度 $I_\Phi(i)$，表达式为：
$$I_\Phi(i) = \frac{1}{2^{n-1}} \sum [\Phi(1_i、X) - \Phi(0_i、X)]$$
式中：$[\Phi(1_i、X) - \Phi(0_i、X)]$——与基本事件对照的临界割集。
2. 概率重要度
基本事件发生概率变化引起最终环境事故发生概率的变化程度称为概率重要度，如下式所示：
$$I_g = \frac{\partial g}{\partial q_i}$$
式中：g——最终环境事故发生概率函数；
q_i——第 i 个基本事件的发生概率。
3. 临界重要度
临界重要度也称关键重要度。
$$I_G(i) = \frac{\partial \ln g}{\partial \ln q_i} = \frac{\partial g}{g} \Big/ \frac{\partial q_i}{q_i}$$
式中：g——最终环境事故发生概率函数；
q_i——第 i 个基本事件的发生概率。
它与概率重要度的关系为：
$$I_G(i) = \frac{q_i}{g} I_\Phi(i)$$</td><td>国家安全生产监督管理总局. 安全评价[M]. 北京：煤炭工业出版社，2005.</td></tr>
</table>